森 重文 編集代表

ライブラリ数理科学のための数学とその展開 AN1

最大最小の物語

関数を通して自然の原理を理解する

岡本 久 著

サイエンス社

編者のことば

近年，諸科学において数学は記述言語という役割ばかりか研究の中での数学的手法の活用に期待が集まっている．このように，数学は人類最古の学問の一つでありながら，外部との相互作用も加わって現在も激しく変化し続けている学問である．既知の理論を整備・拡張して一般化する仕事がある一方，新しい概念を見出し視点を変えることにより数学を予想もしなかった方向に導く仕事が現れる．数学はこういった営為の繰り返しによって今日まで発展してきた．数学には，体系の整備に向かう動きと体系の外を目指す動きの二つがあり，これらが同時に働くことで学問としての活力が保たれている．

この数学テキストのライブラリは，基礎編と展開編の二つからなっている．基礎編では学部段階の数学の体系的な扱いを意識して，主題を重要な項目から取り上げている．展開編では，大学院生から研究者を対象に現代の数学のさまざまなトピックについて自由に解説することを企図している．各著者の方々には，それぞれの見解に基づいて主題の数学について個性豊かな記述を与えていただくことをお願いしている．ライブラリ全体が現代数学を俯瞰することは意図しておらず，むしろ，数学テキストの範囲に留まらず，数学のダイナミックな動きを伝え，学習者・研究者に新鮮で個性的な刺激を与えることを期待している．本ライブラリの展開編の企画に際しては，数学を大きく4つの分野に分けて森脇淳（代数），中島啓（幾何），岡本久（解析），山田道夫（応用数理）が編集を担当し森重文が全体を監修した．数学を学ぶ読者や数学にヒントを探す読者に有用なライブラリとなれば望外の幸せである．

編者を代表して

森　重文

序　文

2013 年 8 月，筆者は日英サイエンスワークショップというプログラムにおける講師を引き受けた．これは京都教育大学附属高校がスーパーサイエンスハイスクールの事業のひとつとして毎年行ってきたもので，日英の高校生が寝食を共にしながら一週間にわたって最先端科学を学ぶという企画であった．

本書はそのときに行った講義を基にして，高校生や大学初学年の理系専攻学生に最大最小の問題とは何なのか，歴史を紐解きながら可能な限り初等的に解説したものである．最大最小の問題といっても 2 種類ある．連続的なものと離散的なものである．巡回セールスマン問題のようなものは離散的な最小問題であるが，筆者の能力範囲外であるので，離散的な最大最小問題は除くことにする．

連続的な最大最小問題は微積分学と密接に結びついている．したがって，本書は微積分学の副読本として使えるであろうと信じている．そうした役に立ちそうな問題を並べ，読者に提供するのが筆者の願望のひとつである．もうひとつの願望は，高校数学の微積分が無味乾燥の代名詞のように糾弾されることがあるので，そうした状況を少しでも改善したいことである．最大最小問題は自然の原理を理解するために不可欠であるし，過去の多くの数学者が心血を注いで解決しようとしてきたものである．無味乾燥のものであるはずがないのである．ただ，最大最小問題のおもしろみを味わうためには，大学受験に必要最小限の（あるいは単位をとるために最低限の）知識を要領よく覚えるという態度を放棄せねばならない．ある人にとってみれば，本書のような題材は道草であろう．しかし，道草も時に必要であると割り切って本書を読んでいただきたい．

本書が対象とするのは，微積分をマスターした高校生および大学一年生である．しかし，誰でも解けるといった問題だけでなく，中には難しい問題もある．物語とは書いたが，寝転んで読めるものでもなかろうと思う．

2018 年 11 月

岡本　久

目　　次

第1章
最初の最大最小問題

最大最小問題は古くから存在していたかもしれないが，近世以後にたくさん現れる状況と比べると，古代ギリシャには最大最小問題が少ないという印象を受ける．これは次のような理由によるものだと思う．最大最小問題ではひとつの自由な変数が必要となる．それは独立変数の役割を果たして，それに依存して決まる従属変数が大きくなったり小さくなったり，という状況が暗黙の上に設定されないと，最大最小問題は意識されにくい．関数という概念は近世以降の産物であるというのが筆者の意見であるので†，中世以前に最大最小問題が少ないのはある意味でしかたがない．

1.1 ユークリッドの原論

さて，いろいろな書物をひも解いてみると，最も古いと思われる最大問題はユークリッド†2 の原論に現れるようである．原論の第6巻の命題27というのがそれである．ここでは**図 1.1 (a)** のように平行四辺形ABCDが与えられ，辺BCの中点Fと辺ADの中点Eを描き，FとDを直線で結ぶ．FD上の点Pをとって，QをAB上にとり，RをAD上にとり，PQ // AR, PR // AQとなるように平行四辺形AQPRを作る．このとき，平行四辺形ABFEの面積は常に平行四辺形AQPRよりも大きい，というのがこの命題の主張するところである．言い換えれば，平行四辺形はPがFに来たときに最大となる，というふうに現代的に解釈可能である（これはむろん，ユークリッドが最大値問題と認識していたと主張するものではない）．

---

† 関数の歴史については様々な人が様々に論じており，この意見が定説というようなものは無い．著者のスタンスは拙著[63] をお読みいただければご理解いただけると思う．

†2 生没年不詳．BC 325 から BC 265 あたりに生きたと言われている．その他の人物データも不詳であるが，どういう著作が残されているか，といったことはマックチューター[1] や文献[13],[28] などにみることができる．

さて，こうした現代的解釈を認めれば，この問題は次のように書き換えた方がより印象が強くなろう．両者が同じ意味を持つことはすぐわかる．

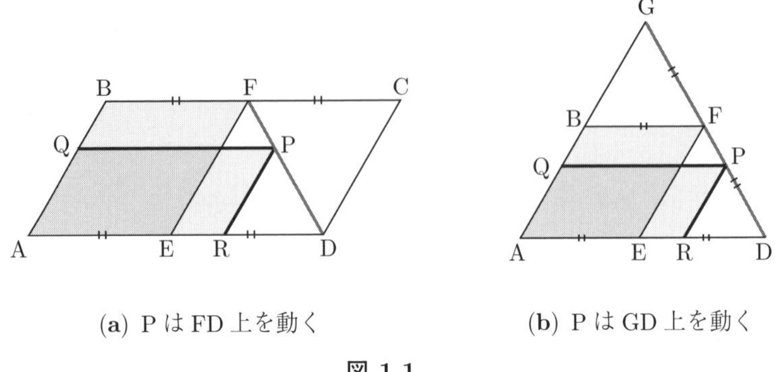

(a) P は FD 上を動く　　(b) P は GD 上を動く

図 1.1

定理 1.1　**図 1.1 (b)** のように三角形 AGD が与えられており，点 P は辺 GD 上を動く．このとき平行四辺形 AQPR の面積が最大になるのは，P が GD の中点 F に来たときである．

ユークリッドの説明は当然幾何学的である．ここでは現代的なやり方でこの命題を証明してみよう．$\mathrm{AD} = a, \mathrm{AG} = b$ とおく．これはどちらも与えられた定数である．$\mathrm{QP} = x, \mathrm{AQ} = y$ とおく．すると，三角形の相似条件から次式を得る．

$$x : a = (b - y) : b.$$

すなわち，$y = b - \frac{bx}{a}$ である．平行四辺形 AQPR の面積を S とすると，

$$S = xy \sin\angle\mathrm{A} = x(a - x)\frac{b}{a}\sin\angle\mathrm{A}$$

である．$\sin\angle\mathrm{A}$ は定数であり，最大最小に関与しないから，関数 $x(a - x)$ を $0 < x < a$ で最大にすればよい．この関数は放物線を与え，$x = \frac{a}{2}$ において最大値をとることは証明を要しないかもしれないが，敢えて証明を与えることにする．

【証明】　微分を知っていれば証明は簡単である．$f(x) = x(a - x)$ とおいて微分すれば $f'(x) = a - 2x$．したがって $0 < x < \frac{a}{2}$ で単調増加，$\frac{a}{2} < x < a$ で単調減小であ

る．ゆえに，$x=\frac{a}{2}$ において最大となる．$x=\frac{a}{2}$ は点 P が辺 GD の中点となることと同値である．　□

微分を知らなくても，**図 1.2** のようにグラフを書いてみれば答の見当はつく．

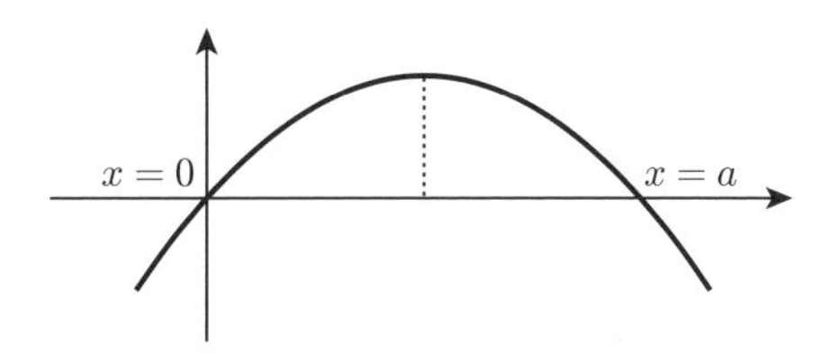

図 1.2　放物線.

さらに，ある不等式を使うことによって上の事実を別の方法で証明してみよう．それは算術平均と幾何平均に関する有名な不等式である．a と b を正の数とする．このとき $\frac{a+b}{2}$ を a と b の**算術平均**と呼び，$\sqrt{ab}$ を a と b の**幾何平均**と呼ぶ．このとき

$$\frac{a+b}{2} \geq \sqrt{ab}. \tag{1.1}$$

すなわち，算術平均は幾何平均以上である．さらに，ここで等号が成り立つのは $a=b$ のときに限る．この定理の証明は，

$$0 \leq \left(\sqrt{a}-\sqrt{b}\right)^2 = a+b-2\sqrt{ab}$$

から明らかであろう．

この不等式 (1.1) を用いると $x(a-x)$ の最大値を求めることは簡単である．

$$\sqrt{x(a-x)} \leq \frac{x+(a-x)}{2} = \frac{a}{2}, \qquad \text{すなわち,} \qquad x(a-x) \leq \frac{a^2}{4}.$$

等号が成り立つのは $x=a-x$ のときのみである．すなわち $x=\frac{a}{2}$ のときである．

1.2 アポロニウスの最大最小問題

アポロニウス† は円錐曲線論 [30],[56] を残した．同書は非常に高度な内容を含んでおり，現代の数学者が読んでも得るところが多い．この円錐曲線論の第5巻ではおもしろい最大最小問題が考察されている．

アポロニウスの最大最小問題

平面内に円錐曲線（2次曲線）のひとつが与えられているものとし，同じ平面内にあって，その円錐曲線上に乗っていない点が与えられているものとする．円錐曲線上の点で，与えられた点との距離が最大あるいは最小となる点はどこか？

これが問題である．この問題は点から法線を引くことと密接に関連しているので，その意味でも重要な問題である．実際，この問題の解は法線の足になる．

もう少し一般的に説明しよう．**図 1.3** の灰色の領域のような有界閉領域 D が与えられたとせよ．閉領域とはその境界となっている曲線も D に含まれていることを意味する．平面内の点 P をとる．どこにとってもよいが，わかりやすくするために D の外側にとろう．D に点 Q をとって線分 PQ の長さを考えると，これは Q の関数とみることができる．Q が D 上を動くときの PQ の最大値あるいは最小値を与える点 Q_0 を考える．たとえば Q_0 が狭義の最小値をとる場合を考えると，**図 1.3** のようになる．線分 PQ_0 を半径とする円を描くとこの円（周も込めて考える）と D の共通部分は1点 Q_0 のみである．点 Q_0 で D に接線を引く（接線が引けることは仮定する）．接線もこの円の内点を含み

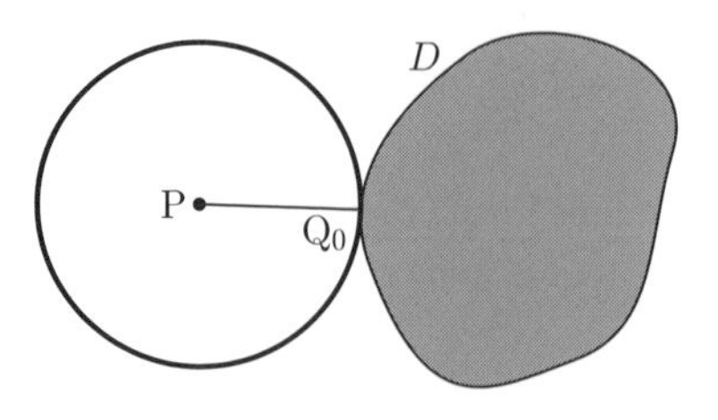

図 1.3 法線と最大最小の関係．

† 紀元前 262 年頃に生まれ，紀元前 190 年頃に亡くなったと言われている．

得ない．含んだら点 Q_0 が最小になり得ないからである．以上の考察から線分 PQ_0 が D の法線になることは明らかであろう．最大値の場合でも同様の論法が成り立つ．

与えられた円錐曲線を簡単のために放物線 $y = x^2$ とし，与えられた点を (p, q) とする．このとき問題は，

$$(x-p)^2 + \left(x^2 - q\right)^2$$

を極大もしくは極小にする x は何か，というものである．こう書いてしまえばこれは微分に関する演習問題となってしまうが，古代の人であるアポロニウスが微分して解を求めたはずがない．彼がどうやった† のか，詳しくはアポロニウス自身の円錐曲線論[30],[56] を参照して欲しい†2．本書では現代的にやることにする．$f(x) = (x-p)^2 + \left(x^2 - q\right)^2$ とおけば，f の導関数は次式で与えられる：

$$\frac{1}{2} f'(x) = 2x^3 + (1-2q)x - p. \tag{1.2}$$

これがゼロになる x を求める．このような x があれば，それに対応して法線が引ける．これがいくつあるかは点 (p, q) の位置によって異なる．

補題 1.1 (1.2) の実根が 3 個，2 個，1 個であるのは，それぞれ，

$$(2q-1)^3 > \frac{27}{2} p^2, \quad (2q-1)^3 = \frac{27}{2} p^2, \quad (2q-1)^3 < \frac{27}{2} p^2$$

のときである．ただし，$(p, q) = (0, \frac{1}{2})$ だけは例外で，ここでは 1 個である．

【証明】 まず，$(p, q) = (0, \frac{1}{2})$ のときに 3 重根を持つことを確認する．次に，2 重根を持つのは，$2x^3 + (1-2q)x - p = 0$, $6x^2 + 1 - 2q = 0$ に共通根が存在する場合であることに注意して x を消去すると，$(2q-1)^3 = \frac{27}{2} p^2$ を得る．残りの考察は容易である． □

かくして 3 次曲線 $(2q-1)^3 = \frac{27}{2} p^2$ を境にして，引くことができる法線の数は異なる．この曲線と元の放物線を**図 1.4** に描いた．元々の点がこの 3 次曲線よりも上側にあれば，3 本の法線が引けるというわけである．

同様にして，楕円の場合も双曲線の場合も計算することができる．試みに，楕

---

† 完全に解いたわけではない．

†2 結構ややこしいので読むのは苦労する．

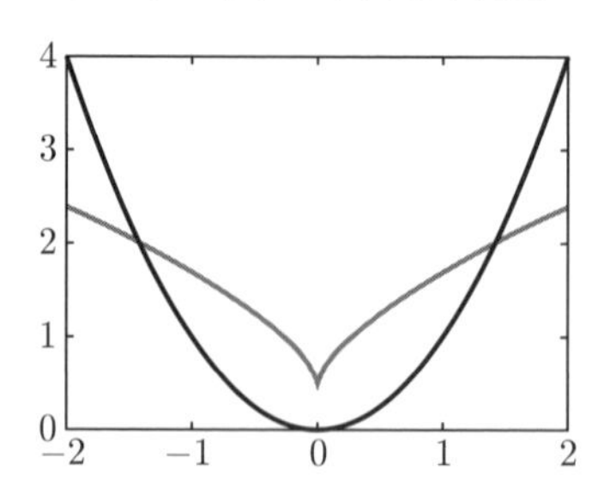

図 1.4　放物線への法線の個数は位置によって異なる．

円の場合を考えてみよう．楕円を

$$\frac{x^2}{a^2}+\frac{y^2}{b^2}=1 \tag{1.3}$$

とする．円の場合は簡単であるから，以下では $0<b<a$ とする．楕円の周の上に乗っていない点 (p,q) をとる（**図 1.5**）．関数 $f(x,y)=(x-p)^2+(y-q)^2$ をこの楕円上で最大または最小にする点を求めればよい．これは第7章で学ぶラグランジュ乗数の方法で解くのが一番便利である．これについては第7章で説明するので，ここではより初等的な方法をとる．楕円 (1.3) を $y=\pm\frac{b}{a}\sqrt{a^2-x^2}$ という形に書き直すと1変数 x の問題になるが，これは多価関数である．それでも目をつぶって (1.3) を無理矢理微分すると

$$\frac{2x}{a^2}+\frac{2y}{b^2}\frac{dy}{dx}=0, \qquad \text{すなわち}, \qquad \frac{dy}{dx}=-\frac{xb^2}{ya^2}$$

を得る．一方，$F(x)=f(x,y(x))$ を微分すると，

$$F'(x)=2(x-p)-2\,\frac{b^2x(y-q)}{a^2y}=\frac{2}{a^2y}\big[(a^2-b^2)xy-a^2py+b^2qx\big].$$

ゆえに，法線の足となるのは楕円 (1.3) の点で，なおかつ双曲線

$$(a^2-b^2)xy-a^2py+b^2qx=0 \tag{1.4}$$

の上に乗っているものである．(1.4) を

$$y=\frac{-b^2qx}{(a^2-b^2)x-a^2p}$$

と書き換えて (1.3) に代入すると次のような x の4次方程式を得る．

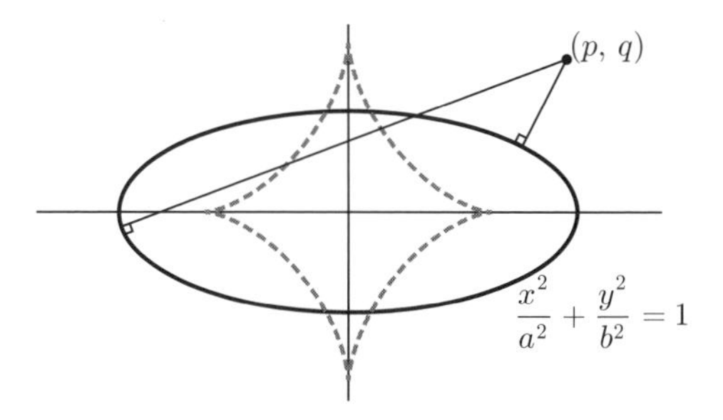

図 1.5　楕円に引ける法線の数は位置によって異なる．破線は(1.6)を表す．

$$(a^2-b^2)^2x^4 - 2a^2(a^2-b^2)px^3 + a^2\left[a^2p^2 + b^2q^2 - (a^2-b^2)^2\right]x^2 + 2a^4(a^2-b^2)px - a^6p^2 = 0. \tag{1.5}$$

x^4 の係数は正で，定数項は負であるから，この 4 次方程式の根の個数は，2 個，3 個，もしくは 4 個である†．3 個になるのは重根を持つ場合であり，点 (p, q) が曲線（**図 1.5**）

$$(ap)^{2/3} + (bq)^{2/3} = (a^2-b^2)^{2/3} \tag{1.6}$$

の上にあるときである．その外側では 2 個, 内側では 4 個である．方程式 (1.5) が重根を持つためには (1.6) が必要十分条件であるが，これを純粋に代数的な方法で証明するのは容易なことではない．(1.6) がどうやって導かれるかは付録に記すことにする．

厳密にやりたければ，楕円をパラメータ表示するのがよかろう．

$$G(\theta) = (a\cos\theta - p)^2 + (b\sin\theta - q)^2$$

という 2π 周期関数 G を考える．$G'(\theta)$ を計算することは可能であるが，そこから (1.6) を導くのはやはり楽ではない．付録を参照されたい．

このように厳密でないやり方でやってみても正しい結果にたどり着くことができる．これは不思議であるが，解析学ではよく経験する現象である．厳密に証明するためにはラグランジュ乗数を使うことをおすすめする．これは第 7 章で説明する．

---

† $p = 0$ のときは別途考察する必要があるが，簡単なので省略する．

1.3　ゼノドロスの等周問題

ユークリッドが活躍したのは今から2300年ほど前のことである．彼から遅れること100年少々でゼノドロス[†]という数学者が現れた．彼の書いたものはそのままでは残らなかったが，後の数学者が引用することで，彼の結果は現在まで伝わっている[28]．彼の結果のうちのひとつである，回転放物面の焦点に関するものはパラボラアンテナの原理にもつながり，極めて重要であるが，最大最小とは関係ないので本書では省略する．もうひとつの業績である等周問題について説明しよう．

ゼノドロスの等周問題とは次のような問題である．平面内の図形で，その周長が与えられた定数に等しいものはたくさんある（**図 1.6**）．そのうち，面積最大のものは何か？ この問題の答は円である．この定理を最もうまく表現しているのがいわゆる**等周不等式**[†2]である．これは，

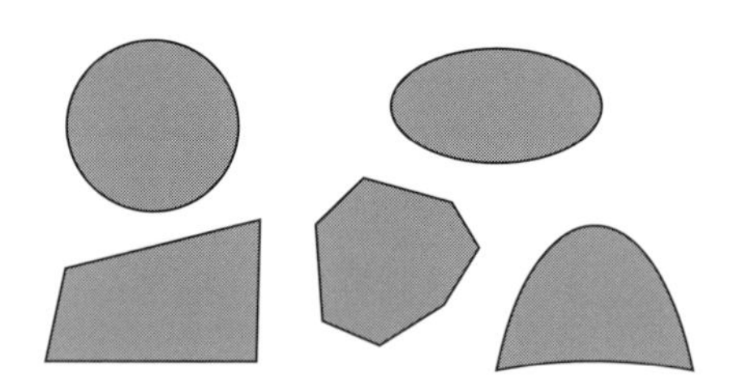

図 1.6　様々な等周図形．

定理 1.2　平面図形の周長を L とし，その面積を A とするとき，

$$4\pi A \leq L^2 \tag{1.7}$$

が成り立つ．ここで，等号はこの図形が円である場合，その場合にのみ成立する．

この定理の証明は本書では行わない．いささか長いし，いろいろと準備も必要である．幸いに，等周問題については優れた解説書が多い．たとえば文献[32]，[33]，[70]といった本は定評のあるものである．拙著[62]にも証明はある．クーラント–ロビンズ[17]，オッサーマン[44]なども参考になろう．

---

† BC 200 頃から BC 140 頃．

†2 これは近代の概念であり，ゼノドロスが考えたものではない．

本節ではむしろ，もう少し易しい問題についていろいろと間接的に正しさを確かめることによって等周問題の解の正しさを納得することで満足しよう．**図 1.6** を御覧いただきたい．周囲の長さが同じ図形は無限にたくさんの種類がある．こうした中で円が最大の面積を持つ，ということを納得する傍証をできるだけ集めてみようというわけである．

ヒースのギリシャ数学史[28]を読むとわかるように，ゼノドロスの論旨はかなり明快で，現代的な厳密性のある証明とは言えないにせよ，厳密な証明にかなり肉薄しているということは言える．少なくとも，当時の数学者がこれを厳密な数学であると信じていたとしてもおかしなことではない．微分幾何学で世界的な業績を上げた小林昭七氏もゼノドロスを賞賛している[70]から，こうした印象は多くの数学者に共通のものであろう．

ゼノドロスの主張は次の三つの命題からなる（ヒース[28]）．

主張 A 周長が同じで辺の個数も同じ多角形のうち，最大の面積を持つものは正多角形である．

主張 B 同じ周長を持つ正多角形では辺の数が多い方が面積が大きい．

主張 C 円と正多角形の周囲が同じ長さならば円の方が面積が大きい．

これらの命題と，主張 D『任意の図形が多角形でいくらでも近似できる』という事実から等周問題の最終的な解決が得られるというわけである．主張 D は直観的には明らかであろうが，厳密に言うとややこしい問題もあり，本章では扱わない．

さらに進む前に，ひとつの大事な事実に注目していただきたい．それは，凸な図形のみ考察すれば十分であるという事実である．**図 1.6** の右下のような図形は最大の面積を持ち得ない．なぜなら，**図 1.7** からわかるように，凹んでいる部分を外側に折り返せば，同じ周長で面積のより大きな図形が新たに得られるからである．凸な図形のみを考えれば十分であるという命題をきちんと証明しようとすると，今述べたような図と直観に頼った推論では不十分である．そもそも凸な図形とは何かという数学的な定義も必要である．しかし，本書ではこれ以上突っ込むことはせず，我々は，『凸な図形のみを考えれば十分である』という命題を受け入れることにしよう．凸な図形とはへこみがないことである

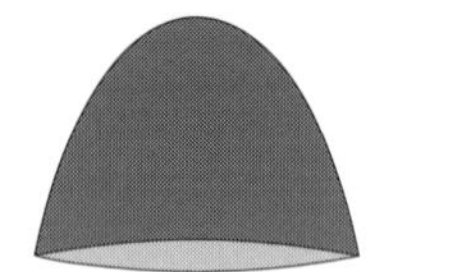 

図 1.7　凹んでいる図形は最大の面積を持ち得ない.

が，このことにはもう少し抽象的な定義が必要である．それは通常，以下のように定義する.

定義 1.1　集合 F が凸 (convex) であるとは，F の任意の 2 点をとったとき，それらを結ぶ線分のすべての点が F に含まれることである.

凸性は平面図形についても空間図形についても適用できる.

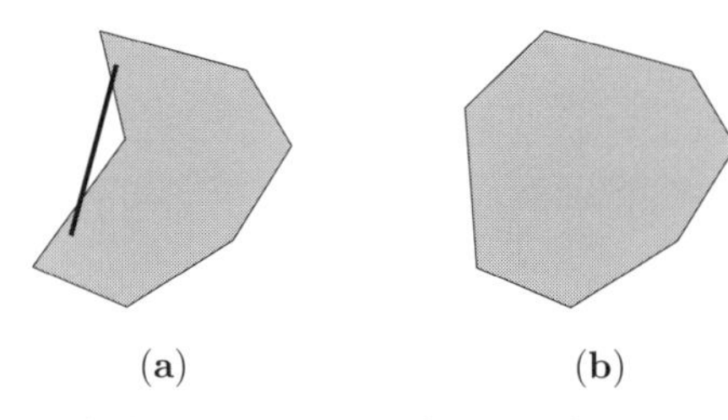

(**a**)　(**b**)

図 1.8　(**a**) の領域は凸でない：　線分の両端は領域に属するが，その一部は領域外にはみ出ている．(**b**) の領域は凸である.

すべての三角形は凸である．辺の数が 4 以上であれば，多角形は凸にもなるしならないこともある．ただし，すべての正多角形は凸である．凸であれば図形は連結である（つながっている)．したがって，たとえば，共通点のない二つの円板を合わせた図形は凸ではない.

主張 A は，任意の自然数 N に対して，周囲の長さが一定の N 角形の中で正 N 多角形が最大の面積を持つことを言っている．それを示すためには次の二つの命題を示せばよい：

(1)　ひとつでも長さの違う辺があればそれよりも面積が大きく周長の等しい N 角形が存在する.

(2)　すべて同じ長さの辺を持つ N 角形が，ひとつでも違う角度があればそれよりも面積が大きく周長の等しい N 角形が存在する.

正確に言うと，最大値が何らかの多角形で達成されるということも証明しておかねばならない．しかし，それを認めれば，上の二つから正多角形が最大値を達成するという命題が導かれる．

さて，(1) の証明は比較的簡単である．**図 1.9** の三角形 ABC で，点 A と点 B が固定され，AC + BC が一定という条件の下で面積最大にするには，点 C を**図 1.9** のように二等辺三角形の頂点にとるしかない．

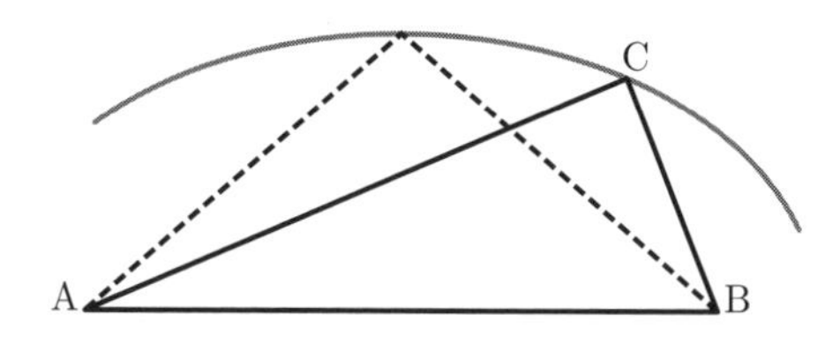

図 1.9　底辺が与えられているときの三角形の等周問題．

これは，AC + BC が一定という条件の下で点 C が動けば，それは A と B を焦点とする楕円になる † ことから直ちに導かれる †2．(2) を示すには，四辺形 ABCD において AB の長さが与えられて，なおかつ BC = CD = DA = 一定，という条件のもとで四辺形 ABCD の面積を最大にするには ∠BCD = ∠CDA でなければならないことを示せばよい．これを示すには，次の命題を示せばよい：

命題 1.1　四辺形 ABCD の 4 辺の長さが与えられているとき，面積が最大になるのはこの四辺形が円に内接するときである．

【略証】　この命題の証明はたとえばカザリノフ [32] やメルザク [40] に載っているが，以下に略証を記すことにする．4 つの辺の長さを a, b, c, d とし，$\alpha = \frac{\angle \mathrm{A}+\angle \mathrm{C}}{2}$ とおく．四辺形の面積を S とし，$s = \frac{a+b+c+d}{2}$ とおくと，

$$S^2 = (s-a)(s-b)(s-c)(s-d) - abcd\cos^2\alpha \tag{1.8}$$

が成り立つ．これは余弦定理を何回か適用することで証明ができる．この公式はなかなか便利である．a, b, c, d のうちひとつでもゼロがあると四辺形は三角形になり，

† この定理は高校数学でも習うはずであるので既知とさせていただくが，拙著 [62] にも証明は書いた．

†2 この直観的な証明が好きになれないならば，ヘロンの公式を使って証明すればよい（演習問題 1.7 参照）．

上記公式は次節にも出てくる**ヘロンの公式**になる．$\angle A + \angle C = \pi$ が成り立つことと四辺形がある円に内接することは同値である．このとき $\cos\alpha = 0$ であるから，$S^2 = (s-a)(s-b)(s-c)(s-d)$ を得る．これは**ブラフマグプタの公式**と呼ばれている．さて，(1.8) から直ちにわかるように，a, b, c, d が与えられて α が変わるとき，面積が最大となるのは $\cos\alpha = 0$ のときである．すなわち円に内接するときである．(1.8) を示すのは演習問題としておこう．

主張 B を確認しておこう．自然数 $N > 2$ が与えられたとき，正 N 角形を考える．それはある円に内接しているから，その円の半径を R とする．このとき正多角形の1辺の長さは

$$2R\sin\frac{\pi}{N}$$

である．したがって，周の長さは $L = 2NR\sin\frac{\pi}{N}$ で与えられる．面積 S は N 個の三角形に分割してみればわかるように，

$$S = N \times \frac{1}{2} \times 2R\sin\frac{\pi}{N} \times R\cos\frac{\pi}{N} = NR^2\sin\frac{\pi}{N}\cos\frac{\pi}{N} = \frac{L^2}{4N\tan\frac{\pi}{N}}$$

である．我々は今，L は与えられた定数であるとしている．したがって，主張 B を証明するには $N < M$ ならば

$$N\tan\frac{\pi}{N} > M\tan\frac{\pi}{M}$$

であることを示せばよい．これはすなわち，$0 < x < y < \frac{\pi}{2}$ ならば，

$$\frac{\tan x}{x} < \frac{\tan y}{y}$$

であることと同値である．つまり，関数 $\frac{\tan x}{x}$ が $0 < x < \frac{\pi}{2}$ において単調増大であることと同値である．ゼノドロスはこれを初等幾何学のみを用いて証明するわけであるが，我々は関数の微分を使うことにしよう．$f(x) = \frac{\tan x}{x}$ とおくと，

$$f'(x) = \frac{1}{x\cos^2 x} - \frac{\tan x}{x^2} = \frac{2x - \sin(2x)}{2x^2\cos^2 x}.$$

したがって，『$0 < z < \pi$ において $\sin z < z$』さえ証明できればよいことになる．そこで $g(z) = z - \sin z$ とおくと $g'(z) = 1 - \cos z \geq 0$ と $g(0) = 0$ を得る．したがって，$z \geq 0$ ならば $g(z) \geq 0$ である．$z \neq 0$ ならば $g'(z) > 0$ であるから，$z > 0$ ならば $g(z) > 0$ となる． □

この証明は微分を忠実に実行するだけで最後までたどり着くという長所があるけれども，三角関数の微分を知らない人には使えない．ゼノドロスは微分を使っていたわけではないので，微分を使わない証明があるわけである．これに

ついてはヒース[28]を見ていただくことにしよう.

次に，主張 C を検証しておこう．正多角形の場合，外接円の半径を R とすると，

$$L = 2NR\sin\frac{\pi}{N}, \qquad S = \frac{L^2}{4N\tan\frac{\pi}{N}}$$

である．円の場合，半径を r とすると，

$$L = 2\pi r, \qquad S = \pi r^2 = \frac{L^2}{4\pi}$$

である．L は両者に共通の定数であるから，主張 C は

$$4\pi < 4N\tan\frac{\pi}{N}$$

と同値である．したがって，次の命題が証明できればよい．

命題 1.2　$0 < x < \frac{\pi}{2}$ ならば $x < \tan x$

【証明】　命題 1.2 は微分を使えば簡単に証明できる．$f(x) = \tan x - x$ とおけば，$f(0) = 0$ で，$f'(x) = \frac{1}{\cos^2 x} - 1$ から従う．□

多角形には多角形の等周不等式というものが知られている．

定理 1.3　平面多角形の周長を L とし，その面積を A とするとき，

$$4AN\tan\frac{\pi}{N} \leq L^2 \tag{1.9}$$

が成り立つ．ここで，N は多角形の辺の数である．等号はこの多角形が正多角形である場合，その場合にのみ成立する．

これは座標幾何と線形代数だけで証明できる（たとえば文献[18]を見よ）．これを認めれば上の議論は全部カバーできる．

以上で，等周問題に関する解説は終わることにする．ゼノドロスの書き残したものには，3 次元の問題もあると言われている[28]．すなわち，同じ表面積を持つ 3 次元図形のうち球が最大の体積を持つという定理を彼は認識していたらしい．もっとも，その証明は不完全であったらしい[28]．

1.4 アレキサンドリアのヘロン

我々は次にアレキサンドリアのヘロンに移ろう．ヘロンは多くの著作を残している．その内容が技術に関するものが多いので，彼を技術者（エンジニア）と呼ぶこともあるが，古代ではそうした区別はあまり意味のあることではない．したがって，本書では彼を数学者と呼んでおきたい．彼の著作は多く，様々な問題について考察しているので，ヘロンの業績を一言で説明することは難しい．ただひとこと，尊敬に値する数学者であることは述べておきたい．ヘロンが活躍したのがいつ頃なのかはっきりはしない．だが，紀元1世紀の頃であろうという意見が強いようである．ユークリッドの300年くらい後である[28]．

今日ヘロンを最も有名にしているのは三角形の面積を3辺の長さ a, b, c のみで表す**ヘロンの公式**

$$\sqrt{s(s-a)(s-b)(s-c)}, \qquad s = \frac{a+b+c}{2} \tag{1.10}$$

であろう．しかし，本節で取り扱う問題は鏡による光の反射である．

平らな鏡によって光が反射されるとき，入射角と反射角が等しくなる，という事実（**図1.10**）は古くから知られていたようである．ユークリッドも光学という著作を残しており，そこにはこの事実がはっきりと述べられている[28]．ヘロンが気づいたのは，この事実を最小問題で特徴付けができるということである（**ヘロンの問題**）．

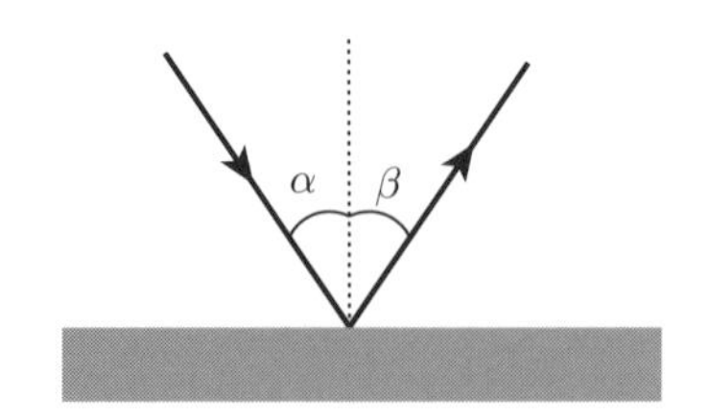

図 1.10　入射角 α と反射角 β は等しい．

図1.11 (a) を使って証明しよう．点Aから発せられた光が鏡によって反射され，点Bまで届いたとしよう．このとき鏡の反射点をPとして，Pをどう求めたらよいか，というのが問題である．答は，AP + BP が最小になっているというのがPの特徴付けである．

彼の証明は今でも数多くの教科書で使われているものと同じである．**図 1.11 (b)** を御覧いただきたい．ここで，水平線は鏡を表している．点 B を鏡に関して折り返した点を B′ とする．そして A と B′ を直線で結び，水平線との交点を P とする．このとき次の命題が成り立つ．

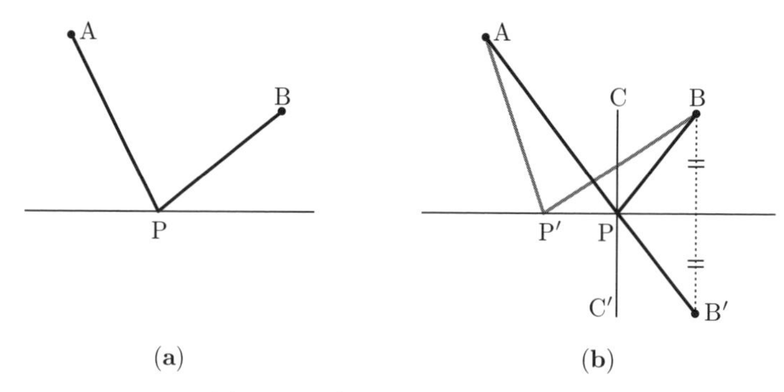

図 1.11 点 P は水平線上を動く．

命題 1.3 水平線上にある P 以外の任意の点を P′ とすると，

$$\mathrm{AP} + \mathrm{BP} < \mathrm{AP}' + \mathrm{BP}'$$

が成り立つ．また，

$$\angle\mathrm{APC} = \angle\mathrm{BPC}.$$

【証明】 前半の証明は**図 1.11 (b)** から明らかであろう．三角形の 2 辺の和は残りの 1 辺よりも大きいという事実からしたがう．後半も次のように証明できる．まず，対頂角であるから $\angle\mathrm{APC} = \angle\mathrm{C'PB'}$ である．鏡に関する折り返しであるから $\angle\mathrm{C'PB'} = \angle\mathrm{CPB}$ である．ゆえに $\angle\mathrm{APC} = \angle\mathrm{BPC}$. □

1.5 アルヘイゼンの問題

アルヘイゼン † にはたくさんの業績があるが，次の問題が有名である．

アルヘイゼンの問題

ある1点Aから発射された光線が球形の鏡で反射され，もうひとつの与えられた点Bに到着したものとする．このとき，光はどのように進むか？

球の中心をOとする．点A, BとOを通る平面を考えればよい．この平面と球面の切り口を**図 1.12 (a)** のように作図する．Aから出た光がCで反射されてBに到着したものとする．このときCはどう定まるか？ これが問題である．

明らかにこれはヘロンの問題（1.4節）の一般化となるが，こちらの方がはるかに難しい．実際，ヘロンの問題のときのような鮮やかな作図で解決というわけにはいかない．

まず始めに，2次元と違って，A, Bの位置は任意とはいかないことに注意して欲しい．Aからありとあらゆる方向に光を発射しても円の影になる部分はできるから，そこにBをとっても解は無い（**図 1.12 (b)**）．以下，解があるものとしてその性質を調べてゆこう．

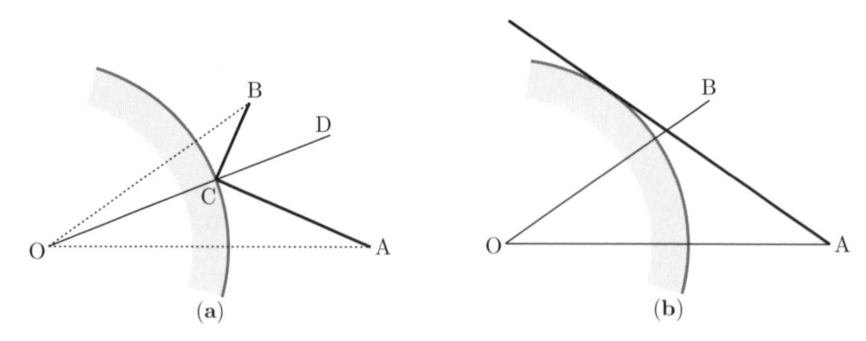

図 1.12 点Cは球面上にある．点DはOCの延長上にある．

† 本名はAbu Ali al-Hasan ibn al-Haythamで，だいたい965–1039年くらいに生きた数学者であると言われている．彼は現在のイラクのバスラ生まれ，エジプトのカイロで生を終えたとも言われている．彼は複数の名前で呼ばれることがあり，アルハゼンと書かれることもある．アルヘイゼン (Alhazen) は彼の名前の一部であるal-Hasanがなまったものである．

次の定理は平面の場合の類似である：

定理 1.4　C が円周上の点で, AC+BC を最小にするものであることと, **図 1.12 (a)** において $\angle\mathrm{ACD} = \angle\mathrm{BCD}$ が成り立つことは同値である.

【証明】　証明するために, **図 1.13** のように座標をとる．円の半径は r とする．このとき，余弦定理から,

$$\mathrm{AC} = \sqrt{r^2 + a^2 - 2ar\cos\theta}, \qquad \mathrm{BC} = \sqrt{r^2 + b^2 - 2br\cos(\alpha - \theta)}$$

である．$f(\theta) = \mathrm{AC} + \mathrm{BC}$ とおく．微分を実行すると,

$$f'(\theta) = \frac{ar\sin\theta}{\sqrt{r^2 + a^2 - 2ar\cos\theta}} - \frac{br\sin(\alpha - \theta)}{\sqrt{r^2 + b^2 - 2br\cos(\alpha - \theta)}}.$$

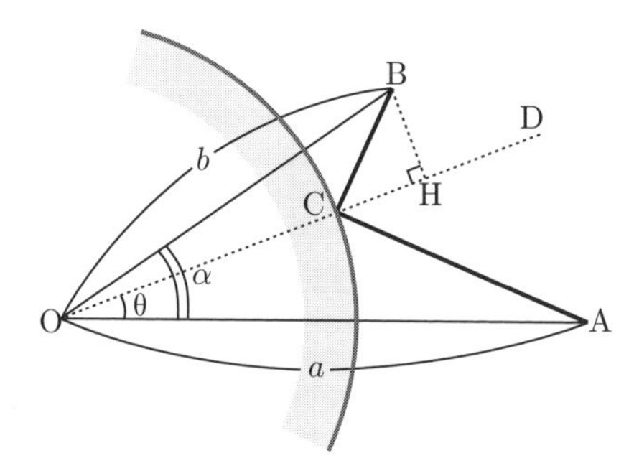

図 1.13　$\mathrm{OA} = a$, $\mathrm{OB} = b$, $\angle\mathrm{AOB} = \alpha$, $\angle\mathrm{AOC} = \theta$, $\mathrm{OC} = r$.
H は B から OC の延長線 OD へ下ろした垂線の足である.

図からわかるように,

$$\mathrm{BC}\sin\angle\mathrm{BCH} = b\sin(\alpha - \theta)$$

であるから,

$$\sin\angle\mathrm{BCD} = \frac{b\sin(\alpha - \theta)}{\sqrt{r^2 + b^2 - 2br\cos(\alpha - \theta)}}.$$

全く同様に,

$$\sin\angle\mathrm{ACD} = \frac{a\sin\theta}{\sqrt{r^2 + a^2 - 2r\cos\theta}}.$$

これらの等式から $f'(\theta) = r(\sin\angle\mathrm{ACD} - \sin\angle\mathrm{BCD})$ がわかる．これは f が極値をとることと $\angle\mathrm{ACD} = \angle\mathrm{BCD}$ が同値であることを意味している．　□

さて，問題はどうやったら点Cを決定できるか，である．ヘロンのようなうまい方法はあるであろうか？ 実は，そううまい話はないのである．**図1.13**において，$\tan\angle\mathrm{BCD} = \tan\angle\mathrm{ACD}$ という条件を書き下すと

$$\frac{a\sin\theta}{a\cos\theta - r} = \frac{b\sin(\alpha-\theta)}{b\cos(\alpha-\theta) - r}.$$

これを整理すると

$$ab\sin(2\theta-\alpha) = ar\sin\theta - br\sin(\alpha-\theta). \tag{1.11}$$

これを満たす θ を求めることがすなわちCを求めることになる．これは $\sin\theta$ の4次方程式になる．一般には定規とコンパスでは作図できず，4次方程式の根の公式は面倒であるから，数値的に解く必要がある．

以上，点Aと点Bは外側にあるとして話してきたが，両者が円の内側にあって，円の内面が鏡になっている場合を考えることもできる．ただし，与えられた点は円の中心ではないと仮定する．

アルヘイゼンの問題は16世紀になって西欧の数学が活気づいたとき大きな影響を与えることになる[49]．たとえば，ロピタルの有名な教科書†の第3章の例10にはこの問題が掲げられている[37]．

アルヘイゼンの問題はビリヤード（玉突き）の問題に翻訳することができる．平面内の領域が与えられ，玉が摩擦無しに直進し，壁では完全弾性反射するものとする．完全弾性反射とは，運動量が失われず，入射角と反射角が等しくなるような反射のことである．こうすればアルヘイゼンの問題がビリヤードの球の軌跡の決定問題と同等であることは自明であろう．多数の玉が動く状況を考えれば，これは統計力学における気体運動論への応用がある．それを忘れて1個の玉を考えてもなかなか奥深い問題である[52]．

最後に，定理1.4が次のように一般化できることを述べて本章を終わる．平面内に曲線が与えられているものとせよ．曲線はそのすべての点で接線が引けるものと仮定する．この曲線に乗っていない2点AとBを，この曲線の同じ側にとって固定する．

定理1.5 Cが曲線上の点で，AC+BCを極小にするものであることと，Cで引いた法線上の点Dについて $\angle\mathrm{ACD} = \angle\mathrm{BCD}$ が成り立つこととは同値である．

† これは世界で最初に印刷された無限小解析の教科書であると言われている．

演　習　問　題

1.1　$0 \leq a$ とする．点 (a, a) から双曲線 $xy = 1$ の $0 < x$ の部分に何本の法線が引けるか？

1.2　$a = b$ あるいは $b = r$ のときに (1.11) を解き，幾何学的な直観と合っていることを確かめよ．

1.3　$\alpha = \frac{\pi}{2}$ のとき，(1.11) が物理的に意味のある解を持つための条件を与えよ．

1.4　放物線 $y = x^2$ の内側の $0 < x$ の部分が鏡になっているものとする．頂点 $(0, 0)$ から正の傾きを以て光線を発射するとき，1 回の反射の後に放物線の $x < 0$ の部分に到達することはあり得ないことを証明せよ．また，その後何度反射しても決して $x \leq 0$ には到達し得ないことを証明せよ．

1.5　(1.11) が $\sin\theta$ の 4 次方程式になることを確かめよ．

1.6　(1.8) を証明せよ．

1.7　**図 1.9** の三角形 ABC で，A と B が固定され，AC + BC が一定という条件の下で点 C を動かすとき，三角形の面積が最大となるのは二等辺三角形のときであることを，ヘロンの公式 (1.10) を使って証明せよ．

第2章
レギオモンタヌス

古代ギリシャの数学は紀元5世紀から急速に衰退する．その原因はいろいろと議論されている[10], [60]．自由に考える社会環境が消えれば数学も衰退するというのは事実であろう．しかし，ヨーロッパも12世紀になると様々な学問が目覚めてくる[10], [58]．

2.1 レギオモンタヌスの最大視角の問題

レギオモンタヌス (1436–1476) はドイツの数学者で三角関数の研究や天文学などに大きな足跡を残している[39]．その彼がなぜ以下のような問題を考えたのか，あるいは，どうやって解いたのか，わかっていない．しかし，以下の問題がレギオモンタヌスの問題として現代まで伝わっているので，本書ではそれを踏襲することにする．

レギオモンタヌスの問題

図 2.1 (a) のように，垂直な壁に絵が掛かっているものとしよう．これを見る人は水平方向にはいくらでも動くことができるものとする．鑑賞者の目の高さから絵の下端までの長さを b，絵の上端までの高さを a とする．壁からの距離 $x > 0$ は自由に選ぶことができる．このとき鑑賞者が最大視角を得るのは x がいくつのときか？

視角は逆正接関数 arctan を用いて，

$$f(x) = \arctan\frac{a}{x} - \arctan\frac{b}{x} \tag{2.1}$$

と表すことができる．これを $0 < x < \infty$ で最大にすればよい．試しに，$a = 3$，$b = 2$ のときにこの関数のグラフを描いてみると，**図 2.1 (b)** のようになる．

最大値を求めるには微分してみればよい．

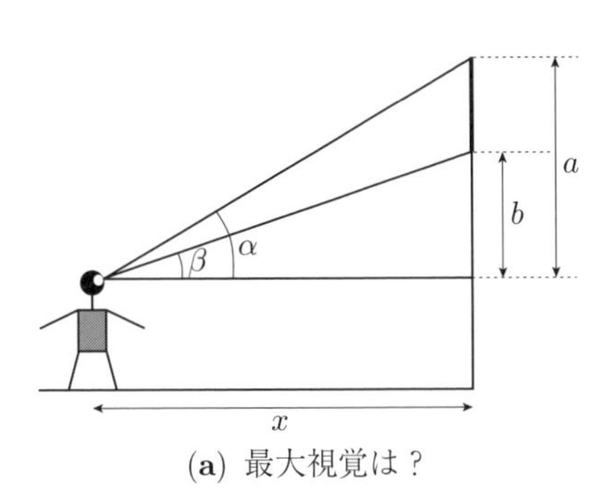

(**a**) 最大視覚は？

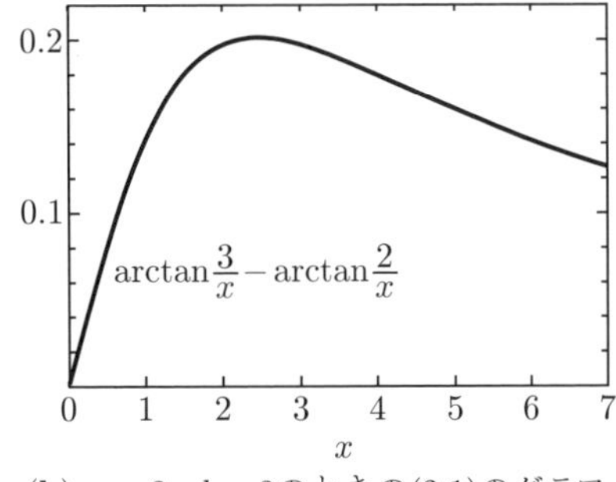

(**b**) $a=3$, $b=2$のときの(2.1)のグラフ.

図 2.1　レギオモンタヌスの問題.

$$(\arctan x)' = \frac{1}{1+x^2} \tag{2.2}$$

を使うと,

$$f'(x) = \frac{-\frac{a}{x^2}}{1+\frac{a^2}{x^2}} - \frac{-\frac{b}{x^2}}{1+\frac{b^2}{x^2}} = \frac{b}{b^2+x^2} - \frac{a}{a^2+x^2} = \frac{(b-a)(x^2-ab)}{(b^2+x^2)(a^2+x^2)}.$$

したがって, $x=\sqrt{ab}$ のときに最大値をとる.

この問題はこれで終わりである. しかし, 高校では逆正接関数を習わないわけであるから, その微分などできるはずもない. では, この問題は高校生には解けないのであろうか？ 実はそうではなく, 初等幾何学的な解答が知られているので, 以下にそれを紹介しよう.

そのためにまず, 円周角に関する定理を復習しておく.

定理 2.1　**図 2.2** (**a**) のように円の任意の弦 AB をとる. このとき点 C が円周上のどこにあっても ∠ACB は一定である. もしも点 D が円の外側にあれば ∠ADB < ∠ACB. 点 E が円の内側にあれば, ∠ACB < ∠AEB.

この定理はよく知られているであろうから証明は省略しておこう.

この定理を用いるとレギオモンタヌスの問題は次のように解くことができる. まず壁に掛かっている絵の上端と下端（**図 2.2** の A と B）を通り, 目と同じ高さにある水平線に接する円を作図する. このような円はただひとつに定まる. この接点 T をとると, 定理 2.1 によって, ∠ATB が最大値を与える（**図 2.2** (**b**)）.

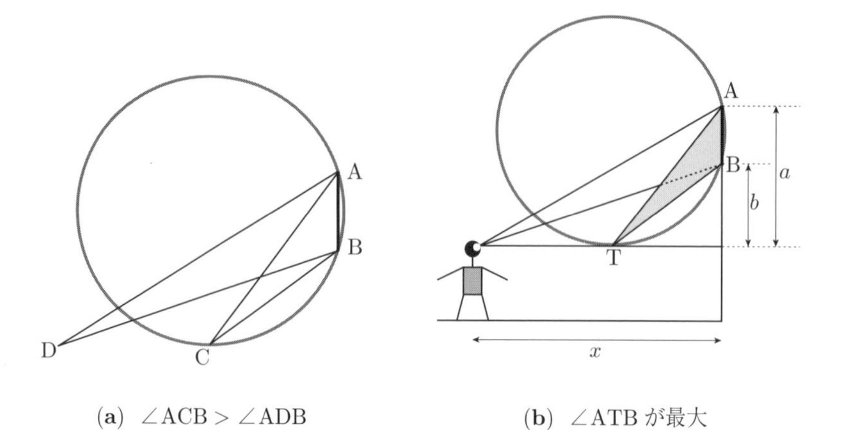

(a) ∠ACB > ∠ADB　　(b) ∠ATB が最大

図 2.2 レギオモンタヌスの問題の幾何学的解法.

T と壁との距離が $\sqrt{ab}$ であることは次のようにしてわかる．**図 2.2** (**b**) からわかるように円の半径は $\frac{a+b}{2}$ である．ピタゴラスの定理を用いると

$$\left(\frac{a+b}{2}\right)^2 = x^2 + \left(\frac{a-b}{2}\right)^2.$$

これから $x = \sqrt{ab}$ を得る．

2.2 扁額の問題

神社にいって鳥居を眺めると，扁額というものがかかっていることがある．美術館の絵は壁に平行に掛けられているが，扁額は斜めになって見やすくなっているところが違う（**図 2.3**）．これをみると，レギオモンタヌスの問題は，次のように一般化するのが自然であろう．

扁額の問題

図 2.4 (**a**) のように，平面内に 1 本の水平線とその上側にある 2 点 A, B が与えられている．水平線上を点 P が動くとき，∠APB の最大値はいくらか？

2 点 A と B を通り，水平線に接する円を描く．このときの接点 P が求めるものである．この問題を解くために**図 2.4** (**b**) のように，AB を延長して水平

図 2.3　大阪市都島区にある都島神社の鳥居に掲げられている扁額．
2013年著者撮影．

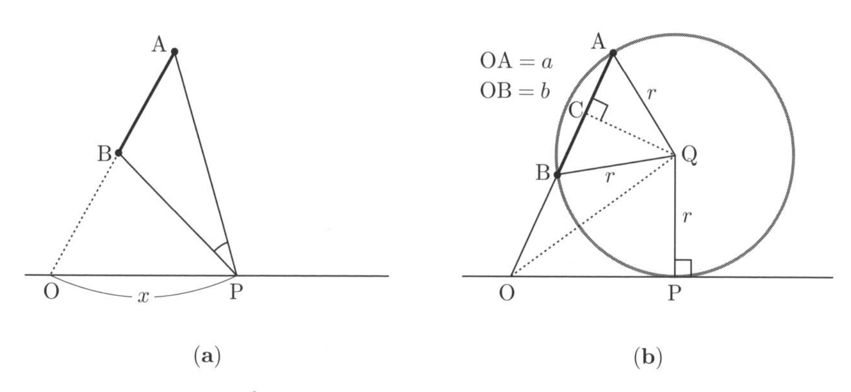

図 2.4　扁額の問題．レギオモンタヌスの問題の一般化．

線との交点を O とし，$OA = a$, $OB = b$ とおく．上記の円の中心を点 Q とし，半径を r とする．

OP の長さを x とし，AB の中点を C としよう．$\triangle$OPQ にピタゴラスの定理を適用すると，$OQ^2 = r^2 + x^2$．$\triangle$OQC にピタゴラスの定理を適用すると，

$$OQ^2 = \left(\frac{a+b}{2}\right)^2 + CQ^2.$$

$\triangle$ACQ にピタゴラスの定理を適用すると，

$$r^2 = CQ^2 + \left(\frac{a-b}{2}\right)^2.$$

これらの 3 式から OQ, CQ を消去すると，$x = \sqrt{ab}$ を得る．

2.3 土星の輪の問題

今度は同様の問題を**土星の輪**について考えてみよう（出典はデリー[21]）．**図 2.5** (**a**) は土星を縦に輪切りにしたところである．線分 AB が輪の切り口である†．土星の表面を動いている観測者が緯度 x° において輪を観測したとき，x をどうとれば視角が最大になるか？ この問題でもやはり A と B を通る円で土星に外接するものを作図すると，その接点が求めるものである．

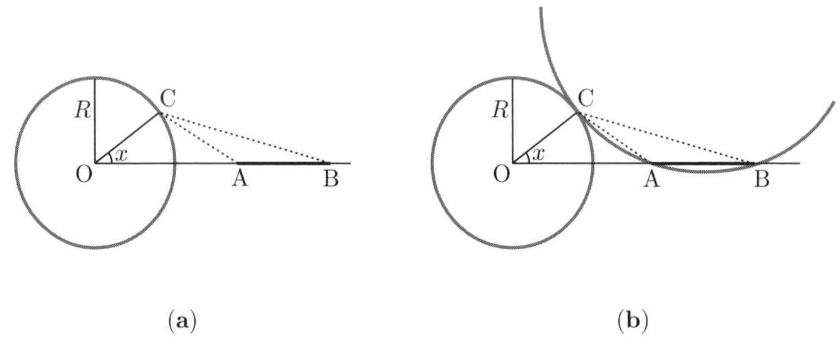

図 2.5 土星の輪をできるだけ大きく見るには？

土星は球形であると仮定し，その半径を R とする．輪の両端 A, B を通り土星に接する円の半径を r とすると，

$$(R+r)\cos x = \frac{a+b}{2}, \qquad r^2 = \left(\frac{b-a}{2}\right)^2 + (R+r)^2 \sin^2 x.$$

これから

$$\cos x = \frac{R(a+b)}{R^2+ab} \tag{2.3}$$

が従う．右辺は 1 より小なので（演習問題 2.3），ここから x を求めることができる．ラジアンを緯度に変えるには x を $\frac{\pi x}{180}$ に置き換えればよい．

† 輪は非常に薄いので厚さは無視する．

2.4　円形の池に浮かぶ島

今度はある円形の池があってその中に物体があるものとする．観測者は池の端のどこからでもこの物体を観測できるものとして，その物体の視覚が最大となるようにせよ．これが問題である．

物体が同心円ならば視角は一定である．同心でない円ならばその円に最も近いところで見るのが最大である（各自その証明を試みよ）．

では，物体が十分細く，線分であるとみなしてよい場合はどうか？ 具体的には，池が $x^2 + y^2 \leq 1$ で，a, b を $-1 < a < b < 1$ なる定数としたときに線分 $[a, b]$ を観測するのである（**図 2.6**）．

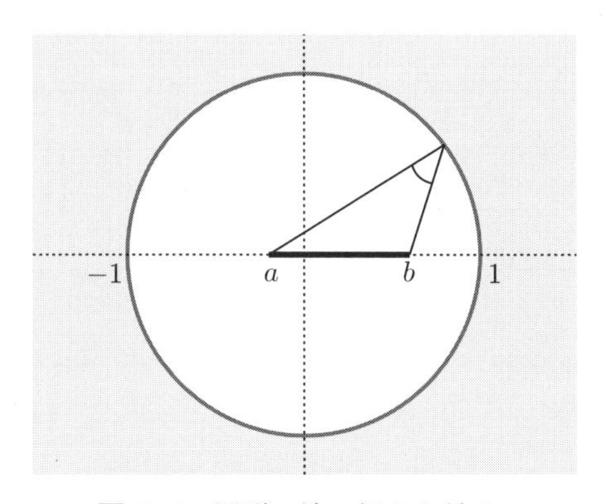

図 2.6　円形の池の縁から見る．

池の周の点を $(\cos\theta, \sin\theta)$ とする．このとき視角は次式で与えられる：

$$\tan^{-1}\frac{\sin\theta}{\cos\theta - b} - \tan^{-1}\frac{\sin\theta}{\cos\theta - a}.$$

したがって，

$$\cos\theta = \frac{a+b}{1+ab}$$

を満たす θ で最大となる．この問題も接触する円を作図することに帰着させて解くことが可能である．上の計算では $\tan^{-1}$ の定義に注意する必要がある．このやり方が気に入らない場合には，余弦定理を使って見込み角の余弦を a, b, θ で表し，それを考察すればよい．

同じく池の周を単位円とし，物体を楕円

$$\frac{x^2}{a^2}+\frac{y^2}{b^2}=1$$

とする．ただし，$0<b<a<1$ とする．この問題も古くから知られているようであるが，初めて考えられたのがいつ頃なのか，著者は知らない．$a^2+b^2=1$ のときには視角は一定である．実際，視角はどこから見ても $90°$ である†．

$a^2+b^2<1$ のときには視角は $90°$ よりも小さい．$a^2+b^2>1$ のときには視角は $90°$ よりも大きい．いずれの場合も最大値をとるのは，点が y 軸に乗っているときである．

演習問題

2.1 扁額がちょうど垂直になるように見えることと，視角が最大になることは決して一致することはないことを証明せよ．

2.2 2.2 節の内容を微分法を使って証明せよ．

2.3 $0<R<a<b$ ならば (2.3) の右辺が 1 よりも小さいことを証明せよ．

2.4 円 $x^2+y^2=1$ の上半分にある点 P で円に接線を引き，直線 $x=\pm 1$ との交点を Q および R とする．$0<a<1$ とし，点 $\mathrm{S}=(a,0)$ を固定する．P が動くとき，∠QSR の最小値を与える P を求めよ．

2.5 円形の池 $x^2+y^2<1$ の中に，円形の島 $(x-a)^2+y^2<r^2$ が浮かんでいる．ただし $0<a<1-r$ とする．このとき，島の視角が最大になるのは島に最も近い点であることを証明せよ．

---

† この事実も古くから知られており，和算家も実質上知っていた．その証明は 19 世紀の教科書などには載っているものであるが，最近の書物にはなかなか見当たらない．拙著[62]には証明を略記した．

第3章

ガリレオ ガリレイ

ガリレオの業績は多くの書物で語られているから説明はいるまい．ただ，彼が残した新科学対話[24],[66]は，有名な割には読まれていないようだ．そこには様々な最大最小問題が説明されており，その多くは高校生でも理解可能である．微積分がなかった時代にどうしてこんな問題が解けたんだろうと驚くほかはない．読者にも是非一読をお薦めしたい本である．

3.1 ガリレオの定理

ガリレオは新科学対話の4日目にいわゆる落体の法則を論ずる．空気の抵抗がなければ放射体の軌道が放物線になる，という命題がここに確立されるのである．また，初速一定で発射の角度を様々に変えたときに最も遠くへ飛ばすには 45° の角度で発射すべきである，というのもここに現れる．力学の極値問題である．現代人ならばこれは微分の問題であることにすぐ気づくけれども，ガリレオの頃には現代のような微分も積分も存在しなかった．したがって，彼は初等幾何学の定理と物理的直観で勝負するしかなかったのである．

さて，新科学対話ではこれとは趣の異なる問題も考えられている．そこでは次の定理が大きな役割を果たす．

定理 3.1 ［ガリレオの定理］ **図 3.1** (**a**) のように，鉛直な面内に AB を直径とする円を描く．点 C は円周上に任意にとり，頂点 A と直線で結ぶ．このとき質点が A から出発して線分 AC を重力のもとで滑り落ちるものとする．点 A における初速はゼロであるとし，摩擦は無視できるものとする．このとき，C が円周上のどこにあっても，到達に要する時間は等しい．

【証明】 ガリレオの頃には微積分が知られていたわけではないから，彼はこれをユークリッド幾何学を用いて証明する．我々は現代の方法を用いて，次のようにして証明す

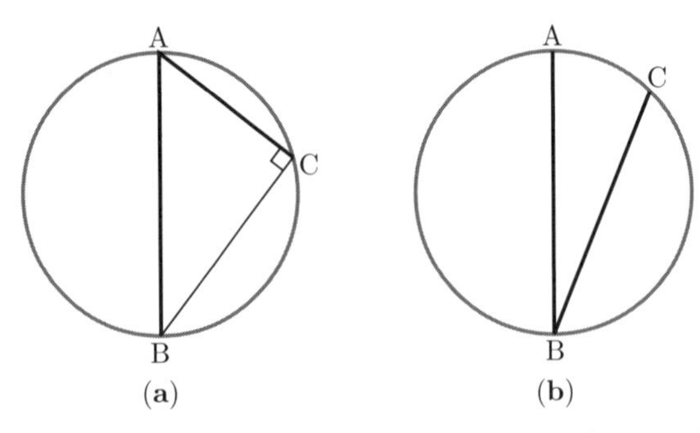

図 3.1 点 A と点 B は鉛直な直径の端点である．点 C は円周上にある．

ることにする．**図 3.1 (a)** において，半径を a とし，$\angle$BAC を θ とすると，線分 AC の長さは $2a\cos\theta$ である．重力 $(0,-g)$ は鉛直下方に向かっているが，これの AC 方向の成分は $g\cos\theta$ となる．一般に，加速度 α が一定で初速がゼロであれば，時間が t 経過した後で，質点は $\frac{1}{2}\alpha t^2$ だけ動く．距離 L だけ動くのに要する時間は，$\frac{1}{2}\alpha t^2 = L$ を解いて，

$$\sqrt{\frac{2L}{\alpha}}$$

となる．ガリレオの問題には $\alpha = g\cos\theta$ であり，$L = 2a\cos\theta$ であるから，

$$t = 2\sqrt{\frac{a}{g}}.$$

要するに，$\cos\theta$ 倍の距離を $\cos\theta$ 倍の加速度で滑り落ちるわけだから，かかる時間も同じである． □

全く同様に次の定理も証明できる：

定理 3.2 **図 3.1 (b)** のように，鉛直な面内に AB を直径とする円を描く．点 C は円周上に任意にとり，底点 B と直線で結ぶ．このとき質点が C から初速ゼロで出発して線分 CB を重力のもとで滑り落ちるものとする．摩擦は無視できるものとする．このとき，C が円周上のどこにあっても，B に到達するのに要する時間は等しい．

ガリレオはここからさらに次々と問題を考え，解いてゆく．その一例をあげよう．**図 3.2** のように，水平面から高さ h のところに質点がある．これが重力

に従って h だけ落ちてきて，そのままエネルギーを失うこと無しに，運動方向を水平に変え，同じスピードで距離 a だけ進む．このとき到達時間をできるだけ小さくするには，h をどうとればよいか？

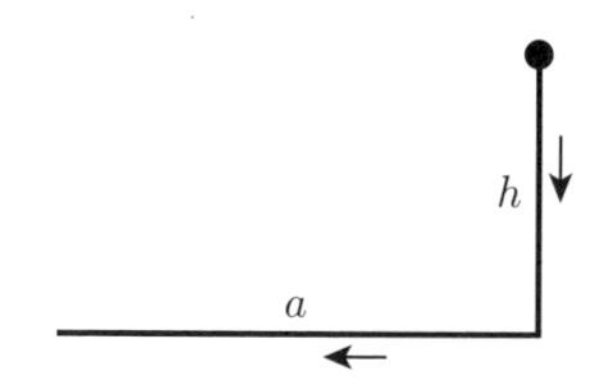

図 3.2　ガリレオの問題（その1）.

g を重力加速度とすれば，h だけ下がるのに要する時間，およびその時点での速さは

$$\sqrt{\frac{2h}{g}}, \qquad \sqrt{2hg}$$

である．したがって，全体に要する時間は

$$\sqrt{\frac{2h}{g}} + \frac{a}{\sqrt{2hg}}$$

である．算術平均が幾何平均よりも大きいことを用いると，

$$\sqrt{\frac{2h}{g}} + \frac{a}{\sqrt{2hg}} \geq 2\sqrt{\frac{a}{g}}.$$

等号が成立するのは $h = \frac{a}{2}$ のときである．したがって，$h = \frac{a}{2}$ のときに最小となる．

次に考える問題では，**図 3.3 (a)** のように水平線上の 2 点 A, C が与えられている．A から鉛直下方に直線を引き，その線上に点 B をとって，B と C を直線で結ぶ．線分 CB の上を質点が滑って落ちるときにかかる時間を最も小さくするには B をどうとればよいか？ 答は，AB = AC となるように B をとればよい．これは上述のガリレオの定理から従う．実際，AB = AC となる点 B をとり，C と B を通り，水平線に接する半径 AC の円を描く．鉛直線の上の B 以外の点 E をとって C と直線で結び，円との交点を D とする．このとき，C から B に落ちる時間と C から D へ落ちる時間は等しい．したがって，C から E

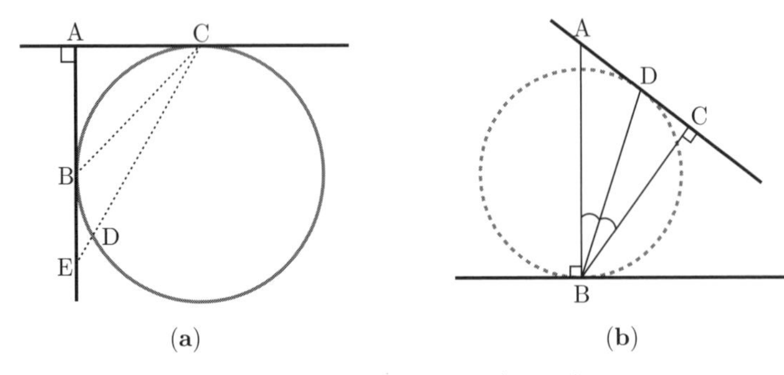

図 3.3 ガリレオの問題（その2）.

へ落ちる時間はもっと大きい.

図 3.3 (b) のように，ある点B，Bを通る水平線，および，Bを通らない斜めの直線ADCが与えられている．斜めの直線上の点からBまで直線を引いて，その上を質点が滑り落ちるとき，かかる時間を最も小さくするには出発点をどこに選べばよいか？ 答：直線の上の点でBの真上にあるものをAとし，Bから直線に下ろした垂線の足をCとする．そして，∠ABCの二等分線と元の直線との交点をDとする．このとき，Dから下ろすのが一番早い．これを証明するには，Bにおいて水平線に接する円で，同時に，元の直線にも接するような円を描けばよい．この接点をDとすれば，BDが∠ABCを2等分することは幾何学的に証明できる（演習問題3.6).

ガリレオはこうした問題を読者に次々と解かせていって，次第に彼の目的に近づいてゆく．それが最速降下線である.

3.2 最速降下線

このように多くの最小問題を考えて，ガリレオは次の問題を提起する．

最速降下線の問題

鉛直な平面内に2点をとる．その2点を結ぶ曲線のうちで，それに沿って質点が滑り落ちるのに要する時間が最小になる曲線は何か？

ガリレオは，解が円弧であろうと推測しているが，それは正しくはないことがその後わかった．この問題はそれまでの最大最小値問題とは難しさが違う．ガリレオが誤ったのも無理のないことである．最速降下線の正体はサイクロイドなのであるが，これについては第6章で説明する．ガリレオの名誉のために付言すれば，最速降下線に沿ってかかる時間と円弧に沿ってかかる時間はそれほど違わない．彼はなかなか良い推測を行っていたのである[62]．

演 習 問 題

3.1 定理3.1において円を楕円に置き換えると結論はどう変わるか？

3.2 円の鉛直な直径AB上に任意の点Pをとって固定する（**図3.4**参照）．ただし，Pは直径の両端ではないとする．円周上の動点CからPへ直線を引いて，その上を摩擦無しに質点が滑り落ちる．このとき，CからPまで滑り落ちるのに要する時間が最も短いのは，Cが直径の上端Aに一致するときである．これを証明せよ．

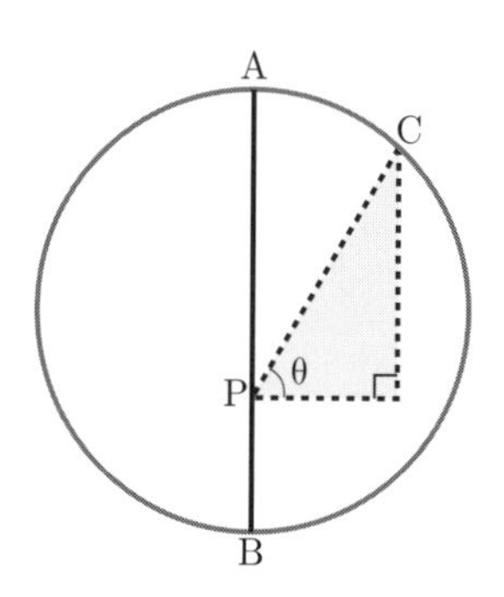

図3.4 問題3.2の図．

3.3 x 軸を軸とする放物線を考える．放物線のうち上半平面にある点 P から焦点に直線を引く．P からこの線分に沿って質点を滑らせるとき，焦点まで到達する時間が最も短くなるようにするには P をどこにとったらよいか？

3.4 $0 < a < h$ とする．水平面から高さ h の点より弾性球を初速ゼロで落とし，水平面で完全弾性反射した後，高さ a のところまで届くのに要する時間を最小にするには h をどうとればよいか？

3.5 **図 3.5** のように斜面の頂点 O から任意の角度で物体を放射する．初速は与えられているが，放射の角度は自由である．斜面は水平面に対して α だけ傾いているものとする．着地点を A とし，OA の長さを d とする．このとき d を最大にするには放射角度をどうとればよいか？ ただし，空気の抵抗は無視してよい．

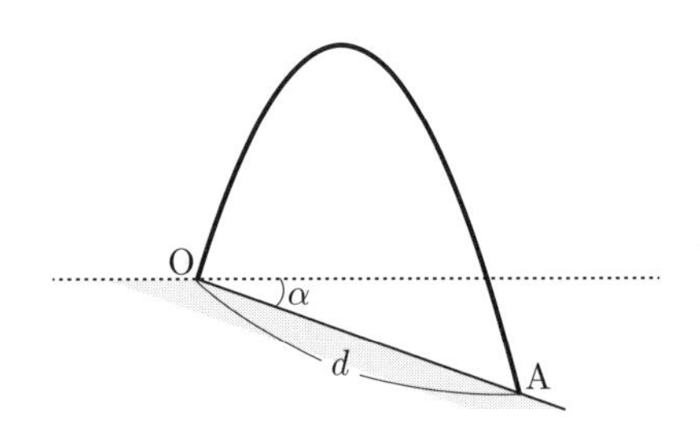

図 3.5　斜面の頂点から物体を放出する．

3.6 **図 3.3 (b)** の点 B で水平軸に接し，直線 AC に接する円を描くとき，その接点を D とする．BD は ∠ABC を 2 等分することを示せ．

第4章

ヨハネス ケプラー

ケプラー[†]は通常，天文学者・物理学者と思われていることが多い．惑星の運動に関するケプラーの法則は科学史に燦然と輝く金字塔である．しかし，ケプラーには数学の業績も多く，たとえば彼は，カヴァリエリよりもはるか以前に無限小を自由に使いこなし，積分学に重要な貢献をしている．ケプラーの伝記[15], [67]を読むと，ケプラーはかなりマニアックな人間であったようである．だが，数学でも力学でも現代人が彼に負うところは多い．

彼は球をできるだけ密に配置するにはどうしたらよいか？という問題を考えた．これは離散的な最大最小問題のひとつと考えることができる．この問題については文献[71]を参照するにとどめ，彼の名前のついたもうひとつの最大問題を考えよう．

ケプラーは1615年，Nova Stereometria Doliorum Vinariorum（ワイン樽の新しい立体幾何学）という論文[†2]を発表し物体の体積を計算する方法を様々に論じた．この論文は積分論の先駆けと呼ぶべき貴重なアイデアに満ちている．また，以下の最大値問題もこの中に現れる．

4.1 ケプラーの問題

図4.1のような円柱を考える．半径をrとし高さをhとする．ここで，図の対角線の長さaは一定であるとせよ．このとき体積を最大にするにはrあるいはhをどう選んだらよいであろうか？ これが**ケプラーの問題**である．

$a^2 = (2r)^2 + h^2$は与えられている．体積は次式で与えられる．

$$V = \pi r^2 \times h = \pi r^2 \sqrt{a^2 - 4r^2}, \quad すなわち, \quad V^2 = 4\pi^2 r^4 \left(\frac{a^2}{4} - r^2\right).$$

---

† Johannes Kepler, 1571–1630.

†2 ドイツ語訳で読むことができる[34]．

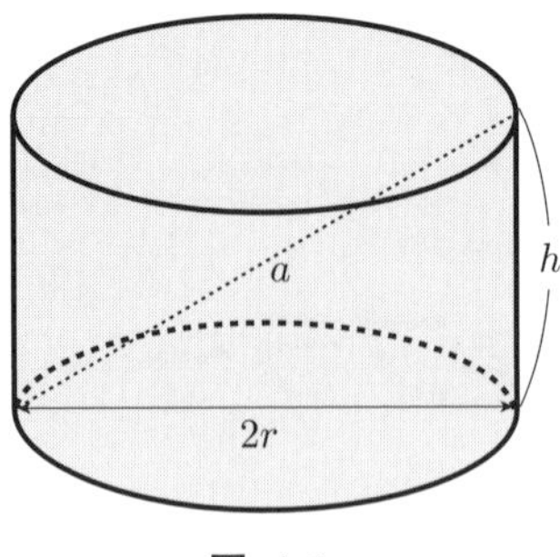

図 4.1

これを $0 < r < \frac{a}{2}$ で最大にすればよい．$x = \frac{4}{a^2} r^2$ で x を定義すると，

$$V^2 = \frac{\pi^2 a^6}{16} x^2(1-x).$$

これを $0 < x < 1$ で最大にすればよい．

$f(x) = x^2(1-x)$ とおくと，$f'(x) = 2x - 3x^2 = x(2-3x)$．ゆえに f は $x = \frac{2}{3}$ で最大値をとる．すなわち，

$$\frac{2}{3} = \frac{4}{a^2} r^2, \qquad r = \frac{a}{\sqrt{6}}$$

のときに最大値をとる．このとき $h = \frac{a}{\sqrt{3}}$ であるから，円の直径 : 円柱の高さ $= \sqrt{2} : 1$ のときに最大値をとる．

以上でこの問題は終わりであるが，ケプラーの時代に関数とか関数の導関数などといった便利なものはなかったことを忘れないで欲しい．この結論をユークリッド幾何学のみを用いて証明する必要があったわけだが，これは結構やっかいである．

では，微分を知らない高校一年生にはケプラーの問題は解けないのであろうか？ 実はそうでもないのである．**算術幾何平均**に関する知識があれば証明は可能である．以下にそのことを示そう．付録に示すように，a, b, c が正数ならば

$$\frac{a+b+c}{3} \geq \sqrt[3]{abc} \tag{4.1}$$

が成り立つ．さらに，等号が成り立つのは $a = b = c$ の場合に限る．そこで，$a = 2 - 2x, b = x, c = x$ とおいてみる．すると，

$$\sqrt[3]{2(1-x)x^2} \leq \frac{2-2x+x+x}{3} = \frac{2}{3}.$$

すなわち，

$$(1-x)x^2 \leq \frac{1}{2} \times \left(\frac{2}{3}\right)^3 = \frac{4}{27}.$$

そして等号が成り立つのは $2-2x=x=x$ が成り立つときである．すなわち，$x=\frac{2}{3}$ のときである．

かくしてケプラーの最大値問題は比較的初等的に解けるわけである †．

4.2 問 題 の 変 形

ケプラーの問題では対角線の長さが与えられている．これにはこれの由来がある．当時，ワインの瓶は高価であり普及していなかった．ワインは樽につめて売り買いするものだったのである．樽の大きさを測るとき，対角線の長さを測って，それに基づいて体積をおしはかり，ワインの料金を決めていたということである．しかしながら同じ a でも樽の形は様々だから，体積はずいぶんと違うことをケプラーは知っていた．そこで，これに刺激を受けて論文を書いたということである．

図 4.2 J. Frey のタイトルページから．

図 4.2 は 1543 年に出版された，Johann Frey 著の Ein New Viser Büchlein という書物の教科書のタイトルページにある図で，様々なところで引用されている有名なものである．中央の人物が物差しを使って計量しているところである．

ここでは次の問題を考えてみよう．これは 3 次元の等周問題の特殊な場合にあたる．

† 相加相乗平均が知られるのはコーシー以降である．だからケプラーはこの不等式 (4.1) すら知らなかったと思われる．

問題

表面積が与えられた円柱の体積を最大にせよ．

前節と同じ記号を用いると，円柱の表面積 S と体積 V は次式で与えられる．

$$S = 2\pi r^2 + 2\pi rh, \qquad V = \pi r^2 h.$$

これから h を消去すると，

$$V = \pi r\left(\frac{S}{2\pi} - r^2\right).$$

これを $0 < r < \sqrt{\frac{S}{2\pi}}$ で最大にすればよい．$\sigma = \sqrt{\frac{S}{2\pi}}$ とおいて，x を $\sigma x = r$ で定義する．このとき，

$$V = \pi\sigma^3 x(1 - x^2)$$

となる．σ は与えられた定数であるから，関数 $x(1 - x^2)$ を $0 < x < 1$ で最大にすればよい．

例によって微分すれば $1 - 3x^2$ であるから，$x = \frac{1}{\sqrt{3}}$ のときに最大となる．つまり，

$$r = \sqrt{\frac{S}{6\pi}}$$

のときである．このとき h は $h = \sqrt{\frac{2S}{3\pi}} = 2r$ となるから，体積が最大となるのは直径と高さが等しくなるときである．これで次の定理が証明できた：

定理 4.1 表面積一定の円柱のうち体積が最大となるのは直径が高さに等しくなる円柱である．

上の事実を算術幾何平均で証明することはできるであろうか？ ちょっとした工夫が必要となるが，可能である．これは演習問題 4.1 としよう．

こうした体積の最大最小問題の究極形は，**3 次元の等周問題**であろう．つまり，表面積一定の物体で体積が最大のものは球である，という定理である．平面の問題はゼノドロスが基本的に解決していたわけだが，3 次元の証明はかなり難しいから本書ではできない．小林 [69] やオッサーマン [44] を参照して欲しい．

次の定理は 3 次元における定理 1.2 の類似である：

定理 4.2 空間図形の体積を V とし，表面積を A とすれば，

$$36\pi V^2 \leq A^3$$

が成り立つ．ここで等号が成り立つのは球の場合であり，その場合に限る．

証明はしない．オッサーマン [44] を参照して欲しい．円柱や直方体などでこの不等式が成り立っていることを確認することは代数や幾何の演習問題として手頃であろう．ユークリッドの原論第 13 巻をみれば，正多面体で $\frac{A^3}{V^2}$ を計算することができる．

演 習 問 題

4.1 算術平均が幾何平均以上であることを使って定理 4.1 を証明せよ．

4.2 横の長さが a で縦の長さが b の長方形のブリキの板があり，その四隅から正方形をくりぬいて，**図 4.3** の破線で 90° 折り曲げることによって，ふたのない直方体の器を作る．ここに水を入れたときその体積を最大にするにはどうすればよいか？

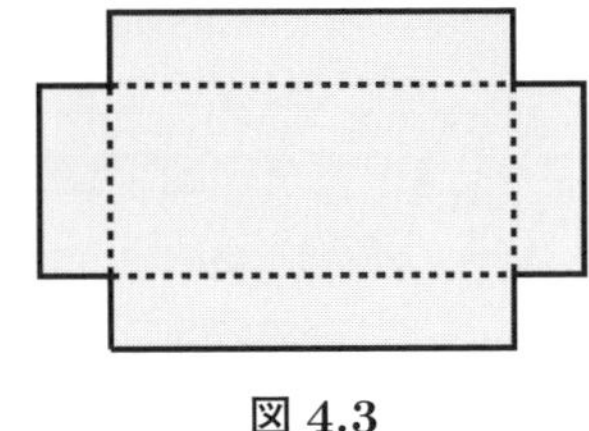

図 4.3

4.3 同じ表面積のときに，最大体積の円柱と最大体積の立方体ではどちらの体積が大きいか？

4.4 表面積が与えられている直円錐のうち体積最大のものを求めよ．

4.5 桶に使われている木の量が一定のとき，できるだけ多くの水が入るようにするにはどうすればよいか？ ただし，桶の厚みは無視できるものとし，桶は蓋のない円柱形であるとする．

4.6 周長が与えられている三角形をひとつの辺の周りに回転してできる図形の体積を最大にするにはどうすればよいか？

第5章 ピエール ド・フェルマー

フェルマー[†]は17世紀に活躍した．数論におけるフェルマーの定理があまりにも有名であるが，座標幾何学（解析幾何学）のパイオニアの一人でもある．さらに，最大最小問題における彼の貢献はこうした業績に勝るとも劣らない．

5.1 フェルマーのアイデア

高校では，「関数 $f(x)$ が $x = a$ で最大値もしくは最小値を持つならば，$f'(a) = 0$ である」という事実を教わるはずである．この事実はフェルマーが1638年にメルセンヌ宛に書いた手紙に初めて現れる．フェルマーのこの手紙をして微分学の始まりとする論調もしばしば見られるところである．フェルマー全集[23]にはそのラテン語版とフランス語版が納められており，彼のアイデアはこれを読むことで理解できる．

彼の記すところは，定理とか理論というよりはむしろ処方箋である．彼の書き方はヴィエタ[†2]の記号に忠実なので現代人にはわかりにくい．そこで現代的な記号を使って彼のアイデアを示すことにする．

(1) 独立変数 x を含む表示式[†3] $f(x)$ を最大あるいは最小にする．$x = x_0$ で最大または最小になるものとせよ．

(2) $f(x_0 + h) - f(x_0)$ は h もしくは h の高次の巾を含むので，これで割る．つまり，$f(x_0 + h) - f(x_0) = h^n g(x_0, h)$ と書いて $g(x_0, 0) \neq 0$ となるようにする．

(3) $g(x_0, 0) = 0$ を解いて x_0 を求める．

† Pierre de Fermat, 1601–1665．出生年については1607年説もある．

†2 François Viète, 1540–1603．近代的な記号代数の生みの親と見なされている[10], [63]．

†3 彼の時代にはまだ関数の概念はない．

例として彼は，$f(x) = x(b - x)$ をあげる．ここで b は正定数である．

$$f(x+h) - f(x) = bh - h^2 - 2hx = h(b - 2x - h)$$

であるから，h で割って，$b - 2x - h = 0$ を得る（つまり $g(x_0, h) = b - 2x_0 - h$ である）．次にここで $h = 0$ とおいて $b - 2x = 0$ を得る．これを解いて $x = \frac{b}{2}$ となり，これが最大値を与える．

上の方針で確かに最大値（最小値）を与える x_0 が求まるのは事実である．フェルマーのこの処方箋には微係数という言葉も極限という観念も現れていないので，フェルマーのこの論文をして微分学の始まりとすることに著者は強い抵抗を感じるものであるが，現代人の立場で見ればそう解釈できないこともない，ということは否定できない．時代を画する論文であることは間違いない．これが微分学の始まりであると理解するかどうかは読者の判断に任せることにして，先に進むことにする．

この論文で彼は様々な最大最小問題を解いているので，それを紹介しよう．彼によれば，次の問題は 4 世紀に活躍したパッポスによるものである．線分 OD が与えられ，その中に**図 5.1** のように点 M と点 I が与えられている．

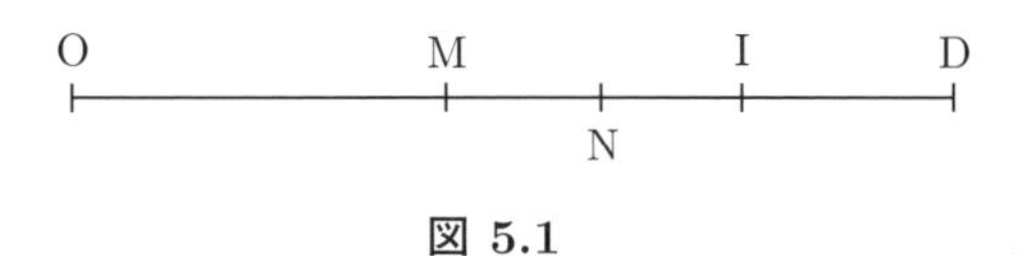

図 5.1

問題

線分 MI の内部に点 N をとり，$\frac{\mathrm{ON}\times\mathrm{ND}}{\mathrm{MN}\times\mathrm{NI}}$ を最小にせよ．

O を座標原点とし，M, I, D の座標を a, b, c とし，N の座標を x とする．このとき，$0 < a < b < c$ のもとで，

$$f(x) = \frac{x(c-x)}{(x-a)(b-x)} \qquad (a < x < b) \tag{5.1}$$

を最小にすることが問題となる．フェルマーは有理式の微分ができたのであろうか？ 不思議なことに彼は正しい解を得ているのである．フェルマーは

$$\left[(x+h)\,(c-(x+h))\times(x-a)(b-x)\right]-\left[x(c-x)\times(x+h-a)\,(b-(x+h))\right]$$

を h について展開すればよい，と言うのである．これをみると

$$\left(\frac{f(x)}{g(x)}\right)' = \frac{f'(x)g(x)-f(x)g'(x)}{g(x)^2}$$

を知っていたのかもしれない，と思えてくる．しかし，この有理式の微分の公式はどこにも書いてないことには注意しておく必要がある．

フェルマーは無理式の最大最小もいくつか扱っている．たとえば，

問題

図 5.2 のように半円の直径 AD 上に点 C をとる．そこから垂線を立て，円周との交点を B とする．このとき，AC + CB を最大にせよ．

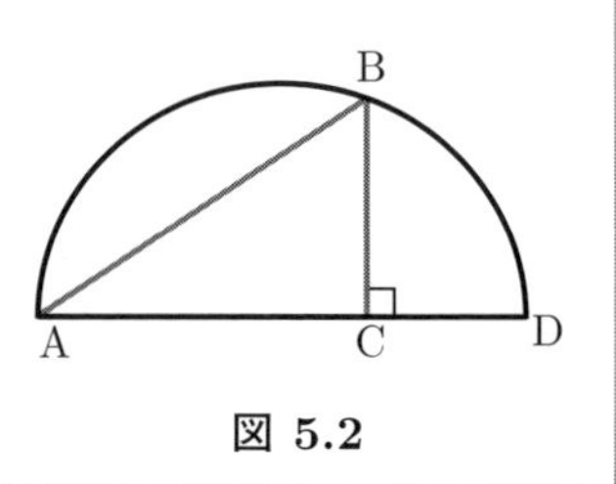

図 5.2

直径を 1 とし，$\mathrm{AC}=x$ とすると，$\mathrm{BC}=\sqrt{x(1-x)}$．したがって，関数

$$x+\sqrt{x(1-x)}$$

の $0<x<1$ における最大値を求めることになる．微分すると $2x-1=2\sqrt{x(1-x)}$，これより条件として $2x-1>0,\ 8x^2-8x+1=0$．すなわち，$x=\frac{2+\sqrt{2}}{4}$ を得る．

これはしかし，現代的な解法である．フェルマーの時代に無理式の導関数は知られていなかった（はずである）．しかし，彼は正しい結果に到達しているのである．彼の論法は概ね次のようなものである．$y=x+\sqrt{x(1-x)}$ が $x=a$ で最大になるとせよ．このとき，$(y-x)^2=x-x^2$ であるから，$y^2=2xy-2x^2+x$．この左辺はやはり $x=a$ で最大となるから，$2xy-2x^2+x$ も $x=a$ で最大値をとる．y を定数と見なして，上に述べたフェルマーの微分もどきの操作を施すと，$2y-4x+1=0$．これと $y=x+\sqrt{x(1-x)}$ を連立させて，$x=\frac{2+\sqrt{2}}{4}$ を得る．確かに正しい答である．

これはどう解釈したらよいのだろうか？ 少し考えると，次のような解釈が可

能となる．$y^2 = 2xy - 2x^2 + x$ を x で微分すると，$2yy' = 2y + 2xy' - 4x + 1$ となる．$x = a$ とおくと $y'(a) = 0$ であるから，$0 = 2y(a) - 4a + 1$ を得る．これと $y(a)^2 = 2ay(a) - 2a^2 + a$ を連立させれば a と $y(a)$ が決まる．

フェルマーの頭の中にどういう推論があったのか，著者にはわからない．しかし，彼が天才のひらめきを持っていたことは確かであろう．

5.2　フェルマーの問題

フェルマーはこの有名な論文の最後で次の問題† を掲げている．

フェルマーの問題

3 点が与えられているとき，同じ平面内の 4 番目の点でこれら 3 点への距離の和が最小となるものを求めよ（**図 5.3 (a)**）．

フェルマーは答を与えていないから，自分自身で解答を知っていたのかどうかはわからない．この問題はその後イタリア人トッリチェッリ †2 によって明快な答が与えられた．

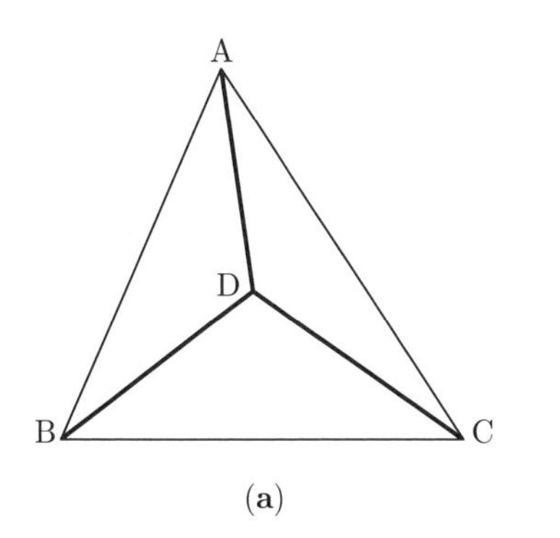

(a)

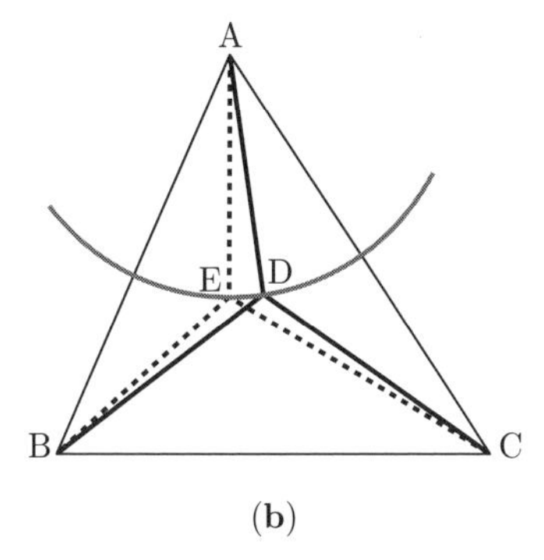

(b)

図 5.3　△ABC は与えられている．AD + BD + CD を最小にする D は何か？

† いくつかの文献 [17], [69] ではこの問題をスタイナーの問題と呼んでいるが，そう呼ばねばならない理由はどこにもない．

†2 Evangelista Torricelli, 1608–1647.

命題 5.1 三角形ABCの内点Dが最小値を与えるならば，$\angle \mathrm{ADB} = \angle \mathrm{BDC} = \angle \mathrm{CDA} = 120^\circ$ とならねばならない．

【証明】 シンプソン[48]の195ページに従って証明をしよう†．背理法で証明する．最小値を与える点をDとする．$\angle \mathrm{ADB} \neq \angle \mathrm{CDA}$ と仮定する．ADを半径とし，Aを中心とした円を描く（**図 5.3 (b)**）．この円周上にEをとって，$\angle \mathrm{AEB} = \angle \mathrm{AEC}$ となるようにする．Eを円周に沿って動かし，中間値の定理に訴えれば，このEの存在が示される．もちろん，$\mathrm{E} \neq \mathrm{D}$ である．第1章のアルヘイゼンの問題のところで議論したように，$\angle \mathrm{AEB} = \angle \mathrm{AEC}$ は $\mathrm{BE} + \mathrm{EC} < \mathrm{BD} + \mathrm{DC}$ を意味する．一方，$\mathrm{AE} = \mathrm{AD}$ であるから，$\mathrm{AE} + \mathrm{BE} + \mathrm{CE} < \mathrm{AD} + \mathrm{BD} + \mathrm{CD}$. しかしこれはDで最小になるという仮定に反する．したがって $\angle \mathrm{ADB} = \angle \mathrm{ADC}$ となる．同様の議論は $\angle \mathrm{ADB}$ と $\angle \mathrm{BDC}$ にも適用できるから，$\angle \mathrm{ADB} = \angle \mathrm{BDC}$. □

定義 5.1 三角形の各頂点と結んだ線分が 120° で交わる点を**トッリチェッリ点**と呼ぶことにする．

もしもトッリチェッリ点†2が存在すれば，それがフェルマーの問題の答であろう．この予想は実際に正しい．どういう場合にトッリチェッリ点が存在するのか確認しておこう．注意深く考えればわかるように，三角形の内角 $\angle \mathrm{A}, \angle \mathrm{B}, \angle \mathrm{C}$ のいずれも 120° 未満であるならばトッリチェッリ点は存在し，そうでなければ存在しない．また，トッリチェッリ点は高々ひとつしか存在しない．以上述べたことは初等的に証明できるので，読者自ら証明を試みられたい．

さて，すべての内角が 120° 未満であると仮定しよう．このとき，トッリチェッリ点は三角形の内点である．もしも最小値を与える点が存在することが証明されれば，命題5.1によってトッリチェッリ点が最小値を与えることがわかる．最小値を与える点が存在するということは自明のことにもみえるが，証明は必要である．点A, B, Cの座標をそれぞれ $(a_1, a_2), (b_1, b_2), (c_1, c_2)$ とおくと，3点との距離の和は

$$f(x, y) = \sqrt{(x-a_1)^2 + (y-a_2)^2} + \sqrt{(x-b_1)^2 + (y-b_2)^2}$$

† 彼の微積分の教科書[47]にも同じ説明が載っている．

†2 文献によってはこれをフェルマー点と呼んでいる場合もあるが，フェルマー自身は答を残していない．答を示し，この点を明示的に与えたのはトッリチェッリである．したがって，フェルマーの問題と呼び，トッリチェッリ点と呼ぶのが歴史に忠実な呼び方であろう．

$$+\sqrt{(x-c_1)^2+(y-c_2)^2} \tag{5.2}$$

となる．したがって，(x, y) が平面全体を動くときに f の最小値が存在することを証明すればよい．x^2+y^2 が大きくなってゆけば $f(x, y)$ も限りなく増大してゆく．したがって，連続関数 f はどこかで最小値をとる．これで証明が終わる．

フェルマーの問題を微積分で解こうとするとどうなるか？

$$\frac{\partial}{\partial x} f(x, y) = \frac{\partial}{\partial y} f(x, y) = 0 \tag{5.3}$$

となる (x, y) を求めなければならない．こうして命題 5.1 を証明することは考えただけでうんざりであろう．

もしもどれかの角度が $120°$ 以上であれば，フェルマーの問題はどうなるのか？ 答は，その頂点が最小値を与える（3 本の線分のうちひとつが 1 点に縮重する）．これは初等的な方法でわかるので，ご自分で考えて欲しい．この場合，(5.2) で定まる関数 f は $120°$ 以上の角度を持つ点で最小となるが，ここで微分できないので，(5.3) に訴えることはできない．

5.3　トッリチェッリ点を作図する方法

三角形 ABC の各辺の外側に，**図 5.4 (a)** のように各辺に正三角形を外接させ，各々の正三角形の外接円を描くとそれらは 1 点で交わる．これがトッリチェッリ点になることにトッリチェッリは気づいていた [35]．別の作図法もある．正三角形の外側の頂点と対応する辺以外の頂点を結ぶ（**図 5.4 (b)**）と，これら RC, QB, PA は 1 点で交わり，トッリチェッリ点となる．これはシンプソン [47] による．

5.4　ファニャノの問題

ファニャノの問題とは，与えられた鋭角三角形の 3 辺からそれぞれ 1 点を選んで新しく三角形を作るとき，その三角形の周長を最小にするにはどうとればよいか？という問題である [21]．ファニャノ † 自身が証明しているように，答

† Giovanni Francesco Fagnano dei Toschi, 1715–1797．文献 [21] 参照．

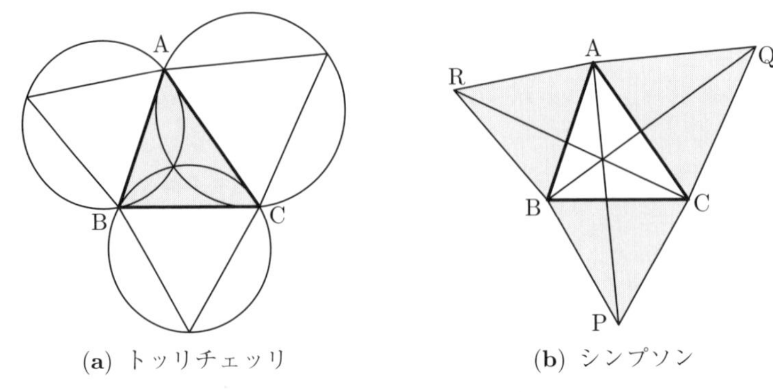

(**a**) トッリチェッリ (**b**) シンプソン

図 5.4 トッリチェッリ点の作図法.

は，三つの垂線の足をとればよい．これには様々な証明が知られている．シュヴァルツによる幾何学的な証明は特に有名である [19], [21].

ここでは，愚直に解いてみよう．**図 5.5 (a)** のように点をとり，$a = \mathrm{BC}$, $b = \mathrm{AC}$, $c = \mathrm{AB}$, $x = \mathrm{BX}$, $y = \mathrm{CY}$, $z = \mathrm{AZ}$ とおく．XZ の長さを余弦定理を用いて計算すると，

$$\mathrm{XZ} = \sqrt{x^2 + (c-z)^2 - 2x(c-z)\cos\angle\mathrm{B}}.$$

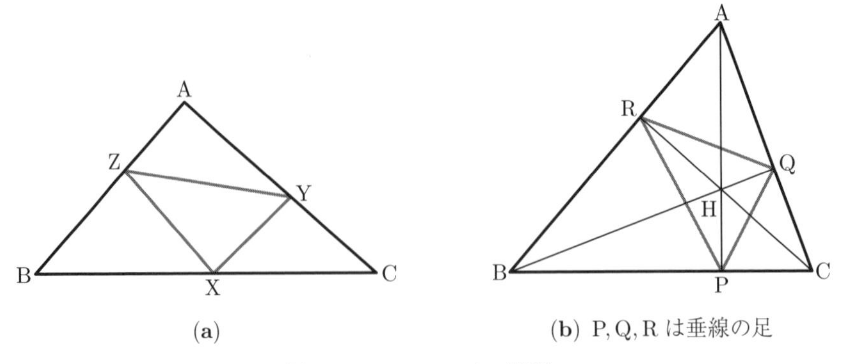

(**a**) (**b**) P, Q, R は垂線の足

図 5.5 ファニャノの問題.

同様にして，YX, ZY も表すことができる．これらの和を $f(x, y, z)$ とおけば，最小となるのは

$$\frac{\partial f}{\partial x} = \frac{\partial f}{\partial y} = \frac{\partial f}{\partial z} = 0$$

が満たされる場合である．$\frac{\partial f}{\partial x} = 0$ からわかることは，$\angle \mathrm{BXZ} = \angle \mathrm{CXY}$ である．全く同様に，$\angle \mathrm{CYX} = \angle \mathrm{AYZ}$ と $\angle \mathrm{AZY} = \angle \mathrm{BZX}$ がわかる．すなわち，ビリヤードの球の軌跡になっている．この条件が満たされることと X, Y, Z が垂線の足になることは同値である（下の命題参照）から，これで上の主張が確認できた．

命題 5.2　**図 5.5 (b)** の P, Q, R は垂線の足である．このとき $\angle \mathrm{BPR} = \angle \mathrm{CPQ}$.

【証明】　垂心を H とする．$\angle \mathrm{HPC}$ と $\angle \mathrm{CQH}$ はどちらも直角であるから，H, P, C, Q はひとつの円周上に乗っている．円周角の定理によって $\angle \mathrm{QPC} = \angle \mathrm{QHC}$. 対頂角は等しいから，$\angle \mathrm{QPC} = \angle \mathrm{QHC} = \angle \mathrm{RHB}$. 同様に，円周角の定理によって $\angle \mathrm{RHB} = \angle \mathrm{RPB}$. すなわち $\angle \mathrm{BPR} = \angle \mathrm{CPQ}$. □

ファニャノの問題は（フェルマーの問題もスタイナーの問題という名前で）クーラント–ロビンズ [17] でも詳しく述べられている．この本は他にも数学の重要な問題について読みやすく解説している名著である．多少歴史的なところに疑問符の付くこともあるが，お薦めできる本である．

5.5　フェルマーの原理と幾何光学

幾何光学におけるフェルマーの貢献は絶大である．ヘロンは光の反射に最小性を見いだしたが，フェルマーは屈折を含むすべての光学現象に最小性を導入し，変分法の先駆けとなった．

今，空間内の 2 点 A と B があって，光が A を出発して B に到達したとせよ．空間は必ずしも一様ではないとする．このとき，どういう曲線を伝って光は B に到達するか．

これに答えるには物質の屈折率というものを導入する必要があるが，そういった物理学の話に立ち入ることはやめて，非一様な場では光の速度も非一様である，という命題を受け入れよう．たとえば水の中を光が進むとき，その速度は真空における光の速度よりも少し小さい．物質の性質によってそれを通過する光の速度は決まっている．これを受け入れよう．物質の分布はわかっているとし，空間の各点 (x, y, z) の小さな近傍における光の速度を $v(x, y, z)$ とする．v は既知関数である．さて，光の道筋が $(X(t), Y(t), Z(t))$ $(0 \leq t \leq T)$ であるとし，$(X(0), Y(0), Z(0)) = \mathrm{A}$, $(X(T), Y(T), Z(T)) = \mathrm{B}$ とする．光の伝搬す

る曲線の線素 ds は,

$$ds^2 = \left[\left(\frac{dX(t)}{dt}\right)^2 + \left(\frac{dY(t)}{dt}\right)^2 + \left(\frac{dZ(t)}{dt}\right)^2\right] dt^2 = \left(\dot{X}^2 + \dot{Y}^2 + \dot{Z}^2\right) dt^2$$

で定まる．このとき，A から B に到達するのにかかる時間は

$$\int_0^T \frac{\sqrt{\dot{X}^2 + \dot{Y}^2 + \dot{Z}^2}\, dt}{v(X(t), Y(t), Z(t))}$$

と表される．**フェルマーの原理**とは，この積分（到達するのに要する時間）を最も小さくする道筋に沿って光が進む，というものである．

この原理，すなわち，「上記の積分を最小にする曲線を求めよ，それが答である」は最速降下線とともに変分法の先駆けとなっている，重要な概念である．変分法で必要となる数学は第7章で説明するので本章ではこれ以上話すことはしない．

演習問題

5.1　**図 5.2** の記号で，△ACB の面積を最大にするには AC をどうとればよいか？

5.2　フェルマーからメルセンヌ神父に 1642 年に送られた手紙の中に次の問題がある．「球に内接する円柱の表面積の最大値を求めよ．」球の半径を a としてこの問題を解け．

5.3　半径 a の球に納まっている直円錐の表面積の最大値を求めよ．この問題もフェルマー [23] による．

5.4　同じ設定で直円錐の体積の最大値はどうか，また，内接ではなく外接する直円錐について同様の最小値問題を考えよ．

5.5　正方形の 4 頂点までの距離の和が最小となる点を求めよ．

5.6　三角形の 3 頂点までの距離の 2 乗の和を最小にする点は何か？

5.7　**デカルトの葉線**と呼ばれる曲線 $x^3 + y^3 - 3xy = 0$ のうち，第 1 象限にある部分を D とする．D の点のうち，その y 座標が最大となる点を求めよ．

5.8　$0 < a < b$ かつ $c = a + b$ のもとで，(5.1) の最小値を求めよ．

第 6 章
最速降下線：変分法の芽生え

本章では最速降下線について詳しく論ずる．第 3 章で述べたように，この問題はガリレオの新科学対話で明確に定式化されているにもかかわらず，その後に忘れ去られてしまい，ヨハン ベルヌーイによって再発見されたものである．

6.1　問題の現代的な設定

平面の 2 点 $\mathrm{A} = (0, 0)$ と $\mathrm{B} = (a, -b)$ を考える．ただし，$0 < a$, $0 < b$ とする．A と B を結ぶ曲線を考え，この曲線に沿って，初速ゼロで大きさの無視できる点（質点）が A から B まで摩擦なしに滑り落ちるものとする（**図 6.1**）．このとき，滑り落ちるのにかかる時間を最小にするには，A と B を結ぶ曲線をどう選んだらよいか？というのが問題である．

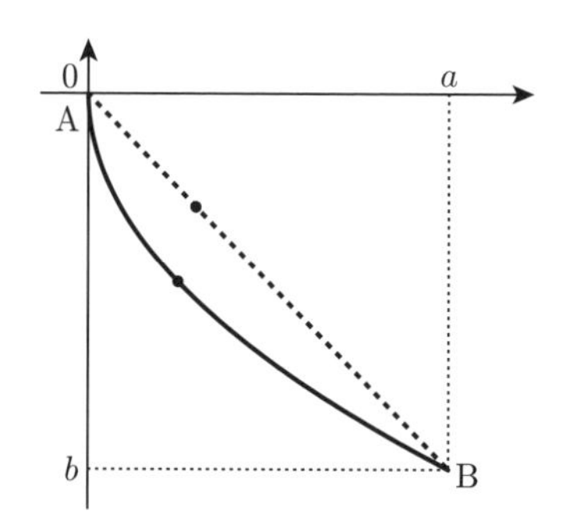

図 6.1　曲線に沿って降下する．直線 AB は解ではない．

A と B を結ぶ曲線は無数にある．その中から最小値を達成する曲線を求めよという問題である．この問題は以下のように書き直すことができる：

最速降下線の問題

以下の積分を最小にする曲線を求めよ：

$$\int_{\mathrm{A}}^{\mathrm{B}} \frac{ds}{v}.$$

ここで，ds は曲線の線素であり，v はその点における質点の速度である．積分はその曲線に沿って行うものとする．

力学的エネルギーの保存則によって

$$\frac{m}{2}v^2 + mgy = 0$$

であるから，$v = \sqrt{-2gy}$ となる．曲線が $y = f(x)$（ただし $f(0) = 0$, $f(a) = -b$ を満たす）と表されるものとしてみよう．求めるものがこうした1価関数で書けるような曲線となる保証が前もって与えられているわけではないが，ここはこうした発見的方法で解を探る，という態度に徹する．結局，最速降下線の問題は，

$$\int_0^a \frac{\sqrt{1 + (f'(x))^2}}{\sqrt{-2gf(x)}}\, dx \tag{6.1}$$

を最小にする関数 f を求めよ，という問題に帰着される．答は，ガリレオが考えたような円弧ではない．サイクロイドである．

(6.1) というような式は未知関数 f を含んでいる．こうしたものを**汎関数**と呼ぶ．本書では，関数と言えば，ユークリッド空間内の点に実数（あるいは複素数）を対応させるものとしておく．現代数学では関数とは写像と同じ意味に用いられることも多く，関数の集合から実数の集合への写像が本章でいう汎関数である．少しややこしいが，変分法では汎関数という用語は定着しているので，読者もこれに慣れて欲しい．結局，我々の目標は汎関数 (6.1) を最小にする関数を求めよ，と定式化される．

6.2 歴史的背景

歴史的背景はゴールドスタイン[26]に詳述されているので．ここでは述べない．ただ，以下のことには注意されたい．17世紀の後半，ニュートンとライプニッツが微積分の基礎を打ち立てた後，これを様々な問題に応用してみせたのがヤーコブとヨハンのベルヌーイ兄弟である．日本では創始者が一番偉い人間で，それに続く人物を過小評価するきらいがあるが，ベルヌーイ兄弟の数学に対する貢献は極めて大きなものであり，もっとスポットライトが当たってよかろうと感ずる．彼らが微積分を使って様々な問題を解決していったが故に，微積分の威力が莫大なものである，と認識されていったという側面は忘れてはならない．

さて，Acta Eruditorumという科学雑誌†の1696年6月号269ページにヨハン ベルヌーイがほんの数行の記事を書いた．それが本章冒頭の問題である．

現代の数学者は，これが変分法の始まりとなったというふうに考え，この問題の意義を高く評価している．答がサイクロイドになることは様々な教科書で証明されている．問題が提示されてすぐに，ライプニッツもニュートンもヨハンの兄ヤコブ ベルヌーイも問題を解くことができたが，以下では全く現代的な解き方を提示する．当時の人々のやり方を知りたければゴールドスタイン[26]を見ればよい．まずはサイクロイドがどのような曲線となるか，その説明から始めよう．

---

† メンケという人物とライプニッツが創刊した．数多くの名だたる発見がここに発表されており，科学史上重要な雑誌である．

6.3 サイクロイド

サイクロイド曲線を考えたのもガリレオが最初であると言われている．

定義 6.1 平面内の直線の上を滑ることなく円が回転して行く．このときの円周上の1点の軌跡を**サイクロイド**と呼ぶ．

図 6.2 (a) は半径 r の円が α ラジアンだけ回転したところである．これから，サイクロイドは

$$x = r\alpha - r\sin\alpha, \qquad y = r - r\cos\alpha$$

とパラメータ表示できることがわかる．

今の場合，直線の上を転がっているが，すぐ下を転がっていてもよい．すなわち，**図 6.2 (b)** であってもやはりサイクロイドと呼ぶ．つまり，

$$x = r\alpha - r\sin\alpha, \qquad y = -r + r\cos\alpha \tag{6.2}$$

である．このサイクロイド (6.2) が最速降下線となる．

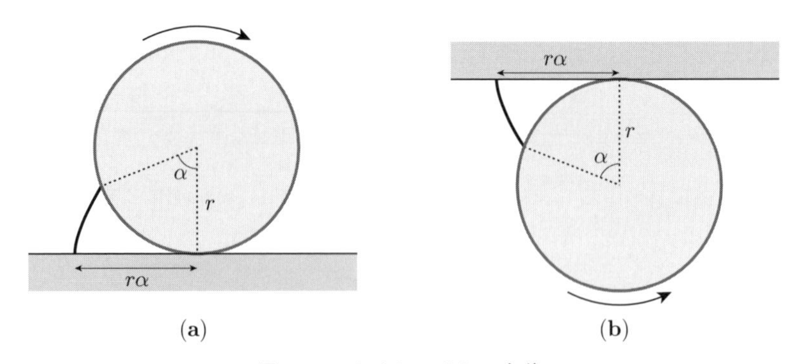

図 6.2 サイクロイドの定義．

まずは点Aと点Bを結ぶサイクロイド (6.2) が常に存在することを証明しよう．任意の $a > 0, b > 0$ に対し，

$$a = r\alpha - r\sin\alpha, \qquad -b = -r + r\cos\alpha$$

を満たす $r > 0$ と $\alpha \in (0, 2\pi)$ がとれる．実際，

$$\frac{a}{b} = \frac{\alpha - \sin\alpha}{1 - \cos\alpha} \tag{6.3}$$

の右辺は $0 < \alpha < 2\pi$ の単調増加関数であり（演習問題6.1），$\alpha \to 0$ のときにゼロに近づき，$\alpha \to 2\pi$ のときに $+\infty$ に近づく．したがって，そのような α はただひとつ定まる．その α を使って $r = \frac{a}{\alpha - \sin\alpha}$ とおいたらよい．

これで，点 $(0,0)$ と点 $(a,-b)$ を結ぶサイクロイドがただひとつ存在することがわかった．あとは最小性を示さねばならない．これは結構計算が必要である．だが，汎関数 (6.1) の最小を達成するための必要条件を導くことはそう難しいことではない．本書ではこのことを示すにとどめる．

(6.1) において f を少しだけずらすことにする．関数 $f(x)$ を $f(x) + \varepsilon\varphi(x)$ に置き換えることでこの「ずらし」を表現することにしよう．ずらしたとしても，出発点と到達点は変えてはならないから，$\varphi(0) = 0, \varphi(a) = 0$ という条件は必要である．これを満たす任意の滑らかな関数 φ がずらしの候補となる．このとき，ε の関数 F を次式で定義する：

$$F(\varepsilon) = \int_0^a \frac{\sqrt{1 + (f'(x) + \varepsilon\varphi'(x))^2}}{\sqrt{-f(x) - \varepsilon\varphi(x)}}\, dx.$$

F は $\varepsilon = 0$ で最小なのだから，$F'(0) = 0$ である[†]．微分を実行すると，

$$\begin{aligned}
F'(0) &= \int_0^a \left[\frac{f'\varphi'}{\sqrt{(-f)(1 + (f')^2)}} + \frac{1}{2}\,\frac{\sqrt{1 + (f')^2}\,\varphi}{(-f)^{3/2}} \right] dx \\
&= \int_0^a \left[-\frac{d}{dx}\,\frac{f'}{\sqrt{(-f)(1 + (f')^2)}} + \frac{1}{2}\,\frac{\sqrt{1 + (f')^2}}{(-f)^{3/2}} \right] \varphi\, dx \quad \text{（部分積分）}.
\end{aligned}$$

これが $\varphi(0) = \varphi(a) = 0$ を満たす任意の滑らかな関数 φ について成り立つのだから，

$$-\frac{d}{dx}\,\frac{f'}{\sqrt{(-f)(1 + (f')^2)}} + \frac{1}{2}\,\frac{\sqrt{1 + (f')^2}}{(-f)^{3/2}} = 0.$$

これを次のように変形する．

$$-\frac{f'}{\sqrt{(-f)(1 + (f')^2)}}\,\frac{d}{dx}\,\frac{f'}{\sqrt{(-f)(1 + (f')^2)}} + \frac{1}{2}\,\frac{f'}{f^2} = 0.$$

つまり，

$$-\frac{1}{2}\left\{ \frac{(f')^2}{(-f)(1 + (f')^2)} \right\}' + \frac{1}{2}\,\frac{f'}{f^2} = 0.$$

† 定数 $2g$ は以下の議論に不要であるから取り除いた．

これを積分して，

$$-\frac{1}{2}\frac{(f')^2}{(-f)(1+(f')^2)}-\frac{1}{2}\frac{1}{f}=\text{定数}.$$

右辺の積分定数を $\frac{1}{2p}$ と記すと，

$$(f')^2=\frac{p+f}{-f},\qquad \text{すなわち},\qquad f'(x)=-\sqrt{\frac{p+f}{-f}}$$

となる．この微分方程式を解けば (6.2) を得る．すでに答 (6.2) がわかっているので，(6.2) がこの微分方程式を満たすことを確認するだけで満足することにしよう．

$$\frac{dy}{dx}=\frac{dy}{d\alpha}\frac{d\alpha}{dx}=\frac{-r\sin\alpha}{r-r\cos\alpha}$$

であるから，

$$\left(\frac{dy}{dx}\right)^2=\frac{\sin^2\alpha}{(1-\cos\alpha)^2}=\frac{1+\cos\alpha}{1-\cos\alpha}.$$

$p=2r$ ととれば，

$$\frac{p+y}{-y}=\frac{1+\cos\alpha}{1-\cos\alpha}$$

となるので，微分方程式が満たされることが確認された．

結局，いくつかの必要条件が確認されただけではないか，と言われればその通りである．最小性を計算で示すのは意外にやっかいである．つまり，$f'(a)=0$ で $f''(a)>0$ ならば関数 f は $x=a$ で最小値をとる，という定理に対応するものを変分法でも用意せねばならない．しかし，そこまで技術的なことを本書で目指そうとは思わない．参考書 [9], [65], [68] などには詳しく書かれているからである．とはいうものの，必要条件と境界条件だけで $y=f(x)$ が決まってしまうということは重要である．昔の人はこれで解が解かれたと思っていたが，それも無理ないことである．これ以上技術的なことに踏み込むことはやめよう．

演 習 問 題

6.1 (6.3) の右辺が $0 < \alpha < 2\pi$ の単調増加関数であることを証明せよ.

6.2 不定積分

$$\int \sqrt{\frac{-f}{p+f}}\, df$$

を実行することによって微分方程式

$$f' = -\sqrt{\frac{p+f}{-f}}$$

を解け.

第7章

レオンハルト オイラー

本章ではオイラー[†]の変分法の教科書[†2]から問題を紹介する．この本は変分法の出発点となり，その後の発展を決定づけたものである．歴史的に貴重であると同時に，内容も近代的である．この本の第5章はおもしろい問題に満ちている．英語訳[†3]を読んで，いくつかの問題を考察しよう．

本章の目的は変分法への自然な入門である．しかし，他の章よりもずっと高級な概念を使うので，理解できなくても悲観することはない．

7.1 カテノイド

最初に次の問題を考えよう．

オイラーの問題

xy 平面上の，上半平面にある2点 P, Q が与えられている．P と Q を結ぶ曲線を考え，これを x 軸を中心に回転させたときにできる立体の側面の表面積を最小にせよ．

点の座標を，$\mathrm{P} = (a, p)$, $\mathrm{Q} = (b, q)$ とし，これらを結ぶ曲線が $y = f(x)$ と表されているものと仮定する．曲線というだけでは f が1価になる保証はないが，1価であると仮定して話を進めよう．また，f は微分可能な関数であるとも仮定する．点 P と点 Q を通るという条件から $f(a) = p$, $f(b) = q$ でなけれ

† Leonhard Euler, 1707–1784.

†2 E65, Methodus inveniendi lineas curvas maximi minimive proprietate gaudentes, sive solutio problematis isoperimetrici lattissimo sensu accepti. 1744年出版.

†3 Ian Bruce 氏の英訳を用いる．本書執筆時の URL は，
http://www.17centurymaths.com/

ばならない．側面の表面積は

$$2\pi \int_a^b f(x)\sqrt{1+f'(x)^2}\,dx \tag{7.1}$$

で表される．この汎関数を最小にする C^1 級関数 f を求めよ，という問題になる．積分 (7.1) の対象となる関数 f としては，$a \leq x \leq b$ において C^1 級で，いたるところで $f(x) > 0$ となるものとしておく．また，$0 < p$, $0 < q$ とも仮定しておく．点 P と点 Q を直線で結んだらそれが最小を与えるかというとそうはならない．円錐台は解ではないのである．オイラーの結論は，**カテノイド**と呼ばれる曲線である．

最小値が $f(x)$ で達成されるものとして，話を進めよう．すなわち，解があるものとしてそれに対する必要条件を求めるのである．$\varphi(a) = \varphi(b) = 0$ となる任意の C^1 級関数 φ をとって固定し，

$$F(\varepsilon) = \int_a^b \big(f(x)+\varepsilon\varphi(x)\big)\sqrt{1+(f'(x)+\varepsilon\varphi'(x))^2}\,dx$$

とおく．これが $\varepsilon = 0$ で最小となるのだから，$F'(0) = 0$．微分を実行すると，

$$F'(0) = \int_a^b \left(\varphi\sqrt{1+(f')^2} + \frac{ff'\varphi'}{\sqrt{1+(f')^2}}\right)dx.$$

部分積分すると，

$$F'(0) = \int_a^b \varphi\left[\sqrt{1+(f')^2} - \left(\frac{ff'}{\sqrt{1+(f')^2}}\right)'\right]dx.$$

φ は任意の C^1 級関数であったから，

$$\sqrt{1+(f')^2} - \left(\frac{ff'}{\sqrt{1+(f')^2}}\right)' = 0. \tag{7.2}$$

こうして，解の必要条件が，微分方程式として与えられた．この微分方程式を (7.1) の**オイラー方程式**あるいは**オイラー–ラグランジュ方程式**と呼ぶ．もっと一般の汎関数にも同じ手続きが適用可能で，多くの場合出てくるものは微分方程式なので，それもオイラー方程式あるいはオイラー–ラグランジュ方程式と呼ぶ．それについての一般論は次節で説明する．

この微分方程式 (7.2) はさらに次のように簡単化できる：

$$1 + \left(f'\right)^2 - ff'' = 0.$$

これをさらに変形する：

$$\frac{2f'f''}{1 + (f')^2} = \frac{2f'}{f}.$$

積分して，

$$\log\bigl(1 + (f')^2\bigr) = 2\log f + \text{定数}.$$

つまり，定数 $\alpha > 0$ が存在して，

$$f'(x) = \pm\sqrt{\alpha^2 f^2 - 1}$$

としてよいから，次式が解である：

$$f(x) = \frac{1}{\alpha}\cosh(\alpha x + \beta).$$

ここで，定数 α, β は境界条件 $f(a) = p$, $f(b) = q$ から定めればよい．水平方向にどう座標をとるかは問題に影響を与えないから，ある $c > 0$ に対して $a = -c$, $b = c$ としても一般性を失わない．こうすると，

$$\alpha p = \cosh(-\alpha c + \beta), \qquad \alpha q = \cosh(\alpha c + \beta)$$

で α と β を決めればよい．変形すれば，

$$(p + q)\alpha = 2\cosh(\alpha c)\cosh\beta, \qquad (q - p)\alpha = 2\sinh(\alpha c)\sinh\beta.$$

さて，このような α, β を定めることができるであろうか？ β を消去すると，

$$\frac{(p + q)^2\alpha^2}{\cosh^2(\alpha c)} - \frac{(q - p)^2\alpha^2}{\sinh^2(\alpha c)} = 4. \tag{7.3}$$

p, q が適当な条件を満たせばこれを満たす α が存在する．この α を使って，$(q - p)\alpha = 2\sinh(\alpha c)\sinh\beta$ から β を定めればよい．問題は，(7.3) を満たす α が存在するかどうかである．任意の $c > 0$, $p > 0$, $q > 0$ について解があればよいのだが，そうではない．たとえば，$p = q$ ならば $\beta = 0$ となり，α は

$$pc = \frac{(p + q)c}{2} = \frac{\cosh(\alpha c)}{\alpha c}$$

で決まる．$x > 0$ における $x^{-1}\cosh x$ の最小値は，およそ 1.5088 である．し

たがって，この値よりも pc が小さかったら解はない．大きかったら二つ解がある．たとえば，$c=1,\ p=1.8$ で計算してみると $\alpha \approx 0.695,\ 1.90$ という二つの解が得られる．対応するカテノイドを描いてみると，**図 7.1** のようになる．このうち，実線で描かれた曲線は面積最小を与えるが，もうひとつは最小を与えない．これは注意すべきことである．我々は，上の計算で「最小となるための必要条件を追求してきた」だけなのである．したがって，出てきたものがすべて最小を与えるとは限らないのである．

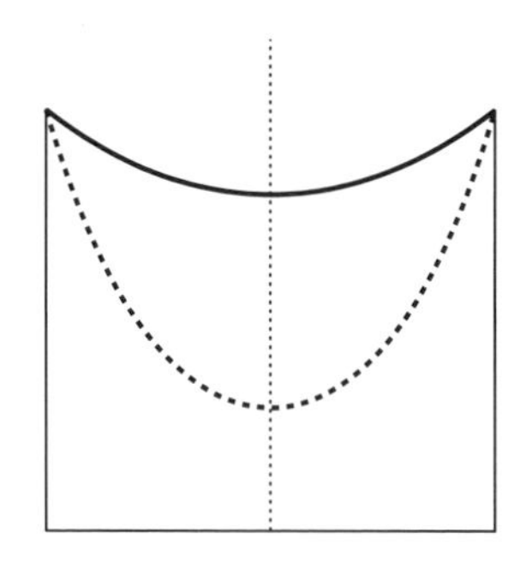

図 7.1 二つのカテノイド．$c=1,\ p=1.8$.

(7.3) を満たす実数 $\alpha > 0$ があれば $f(x) = \alpha^{-1}\cosh(\alpha x + \beta)$ が解を与える．そのような α が存在しないときには (7.1) を達成する C^1 級関数 f は存在しない．(7.1) の汎関数は常に正の値をとるから，汎関数の下限は存在して，ゼロ以上である．しかし，下限を達成する関数が存在しない，というやっかいなことになっている．ユークリッド空間における関数の最大最小という問題は上手に設定すれば最大値あるいは最小値の存在は保証されることが多い．しかし，変分法では存在自体が問題になる．これは有限次元と無限次元の違いであり，関数解析の主題のひとつである．本書では述べないので，たとえば拙著 [64] を参照して欲しい．

前章の最速降下線問題とこの最小表面積問題は変分法の中で最も有名なものである．

オイラーの頃の問題には今の我々には「あれ？」と思うような問題も多い．たとえば，

ニュートンの問題

x 軸上の点 A と上半平面の点 C が与えられている．C から x 軸に垂線を下ろし，その足を B とする．A と C を結ぶ曲線で，面積 ABC が同じもののうち，流体中を AB に平行に A の方向へ動かしたときに被る抵抗が最も小さいものを求めよ．

これはニュートンが考え，オイラーに継承された問題であるが，抵抗がどのような形の関数になるのかわからなかったら解きようがない．物体に働く抵抗は，流れが速いときにどうなるのか，簡単な式で書けるものではない．適当な仮説というかモデルを使わなければ解けないのである（ゴールドスタイン [26] を参照せよ）．抵抗力に適当な仮定をおけば解ける [12]．

7.2　一　般　論

前節でオイラー–ラグランジュ方程式について触れたが，その一般的な導出をここで略記しておこう．力学の多くの問題では，

$$\int_a^b \Phi(f, f')\,dx = \int_a^b \Phi\bigl(f(x), f'(x)\bigr)\,dx$$

といった汎関数を考える†．2 変数の関数 Φ はエネルギーとかエントロピーとか具体的な物理量に関連しているのだけれども，その正体はここでは問題にしない．1 変数関数 $f(x)$ を様々に動かして，上の汎関数を最小にすることが問題となる．以下に展開するやり方は上に述べたものを一般化しただけであるから，繰り返しに過ぎないけれど，上の議論がカテノイドの話に特有のものではないということを理解していただくためには必要であろうと考える．

$\Phi = \Phi(\xi, \eta)$ は与えられた 2 変数関数である．これは何回でも微分できると仮定しておこう．$\Phi(\xi, \eta)$ の第 1 変数に関する偏導関数を Φ_ξ，第 2 変数に関する偏導関数を Φ_η で表すことにする．$x = a, x = b$ における境界条件は様々であるが，話を簡単にするために $f(a) = p$ と $f(b) = q$ が与えられているという状況を考えよう．今，上の汎関数を最小にする f が存在するものと仮定する．

† 力学の問題では f' のみならず，f'' にも依存する汎関数が現れることもある．ここでは一番簡単な場合だけを考えることにする．

そして，それからどういう条件が導かれるかを考えることにする．

さて，$\varphi(a) = \varphi(b) = 0$ を満たす任意の C^1 級関数 φ と実数 ε をとって，

$$F(\varepsilon) := \int_a^b \Phi\bigl(f + \varepsilon\varphi(x), f'(x) + \varepsilon\varphi'(x)\bigr)\,dx$$

とおく．F は通常の実数値関数であるから，これの最小値を求める．$F'(0) = 0$ を具体的に書き下すと，

$$F'(0) = \int_a^b \Bigl[\Phi_\xi(f(x), f'(x))\varphi(x) + \Phi_\eta(f(x), f'(x))\varphi'(x)\Bigr]\,dx.$$

部分積分すると，

$$F'(0) = \int_a^b \Bigl[\Phi_\xi(f(x), f'(x)) - \bigl(\Phi_\eta(f(x), f'(x))\bigr)'\Bigr]\,\varphi(x)\,dx.$$

これがすべての φ についてゼロになるから，

$$\Phi_\xi\bigl(f(x), f'(x)\bigr) - \bigl(\Phi_\eta(f(x), f'(x))\bigr)' = 0.$$

これは f に関する微分方程式とみることができる．これを**オイラー方程式**あるいは**オイラー–ラグランジュ方程式**と名付ける．最小値を達成する f があれば，それはオイラー–ラグランジュ方程式を満たさねばならない．

ここで，ひとつ気になることがある．それは微分可能性である．汎関数には 1 階導関数しか現れていないのだから f については C^1 級であると仮定するのが自然である．しかし，オイラー–ラグランジュ方程式は 2 階の微分方程式なのである．2 回微分可能と仮定していないのに勝手に 2 階導関数を使ってよいのか，という疑問である．言い換えれば，上の部分積分は実行可能かという疑問である．この疑問は微分方程式において極めて重要な問題，すなわち，最小性を仮定するとそこから高階の微分可能性が導かれる，という一般的な原理につながってくる．これはもちろん証明なしに使ってよいことではないけれども，その証明は本書の程度を超えることであるから，ここでは微分可能性については目をつぶることにしよう．

7.3 ラグランジュ乗数

オイラーのこの本（54ページ脚注2）の第5章と第6章にはいわゆるラグランジュ乗数が現れており，有効に使われている．なぜオイラー乗数ではなくラグランジュ乗数と呼ばれるようになったのか不思議に思える†．ゴールドスタイン[26]によれば，乗数を明示的に出して，単純明快な公式を啓示して問題を解くように指示したのはラグランジュである．確かにオイラーの本の中では乗数は膨大な計算の中に埋もれてしまっている．以下の説明はあくまで現代風にわかりやすく書いている．オイラーがこうやって解いたのではないことを念頭にいれていただきたい．

ラグランジュ乗数について説明する．これは制限条件付きの最大最小問題に現れるものである．例を使って説明するのが一番である．2変数の関数 $f(x,y)$ を平面内の部分集合 $g(x,y)=0$ の上で最大もしくは最小にすることが問題である．平面全体での最大最小問題ならば

$$\frac{\partial f}{\partial x}(x,y)=\frac{\partial f}{\partial y}(x,y)=0$$

となる (x,y) を探せばよい，しかし問題は制限条件 $g=0$ が付いている．たとえば $g(x,y)=x^2+y^2-1$ であれば，円周での最大最小を求めなければならない．一般に $g=0$ は平面内の曲線を表すであろうから，これを $(x(s),y(s))$ で表そう．$0\le s\le L$ はパラメータである．すると，1変数関数 $f(x(s),y(s))$ の最大最小を求めることに問題は書き換えられたことになる．極値を与えるのが $s=s_0$ だとすると，

$$\begin{aligned}\frac{d}{ds}f\bigl(x(s),y(s)\bigr)\Big|_{s=s_0}&=f_x\bigl(x(s_0),y(s_0)\bigr)\frac{dx}{ds}(s_0)+f_y\bigl(x(s_0),y(s_0)\bigr)\frac{dy}{ds}(s_0)\\&=0\end{aligned}$$

が必要条件である（f, g だけでなく $x(s)$, $y(s)$ も微分可能であると仮定している）．一方，$g(x(s),y(s))\equiv 0$ を微分すると，$g_x\frac{dx}{ds}+g_y\frac{dy}{ds}=0$ という恒等式を得る．したがって，

$$f_x\bigl(x(s_0),y(s_0)\bigr)g_y\bigl(x(s_0),y(s_0)\bigr)-f_y\bigl(x(s_0),y(s_0)\bigr)g_x\bigl(x(s_0),y(s_0)\bigr)=0$$

† Joseph-Louis Lagrange (1736–1813) も傑出した数学者であったが，オイラーの本が出たときに彼はまだ8歳だった．

を得る．そこで，定数 λ を

$$\lambda = \frac{f_x(x(s_0), y(s_0))}{g_x(x(s_0), y(s_0))} = \frac{f_y(x(s_0), y(s_0))}{g_y(x(s_0), y(s_0))}$$

で定める．2 変数の関数 $f(x,y) - \lambda g(x,y)$ を平面全体で最大最小にする問題を考えると，達成されるのは

$$\frac{\partial f}{\partial x}(x,y) - \lambda \frac{\partial g}{\partial x}(x,y) = 0, \qquad \frac{\partial f}{\partial y}(x,y) - \lambda \frac{\partial g}{\partial y}(x,y) = 0$$

となる点であるが，$(x(s_0), y(s_0))$ は確かにこれを満たしている．したがって，$g(x,y)=0$ という制限条件付きで $f(x,y)$ の最大最小値を求めるには，制限なしで $f(x,y) - \lambda g(x,y)$ の停留値を求めることに帰着されることになる．λ も未知量で，これをラグランジュ乗数と呼ぶ．ラグランジュ乗数は未知量であるが，x や y に依存する量ではない．

簡単のために 2 変数で説明したが，変数の数はいくつでもやり方は同じである．$g(x_1, x_2, \cdots, x_N) = 0$ を満たす点集合の上で $f(x_1, x_2, \cdots, x_N)$ を最大あるいは最小にせよ，という問題では，$\mathbb{R}^N$ 全体で定義された関数 $f(x_1, x_2, \cdots, x_N) - \lambda g(x_1, x_2, \cdots, x_N)$ の停留点を求め，その中から問題の条件に合致するものを選べばよい．

問題

球面 $x^2 + y^2 + z^2 = 1$ の上で関数 xy^2z を最大にせよ．

これを解くには，

$$\varphi(x,y,z) = xy^2z - \lambda(x^2 + y^2 + z^2 - 1)$$

の停留点を求めればよい．$\varphi_x = \varphi_y = \varphi_z = 0$ とすると，

$$y^2z - 2\lambda x = 0, \qquad 2xyz - 2\lambda y = 0, \qquad xy^2 - 2\lambda z = 0.$$

これらの点で $x^2 + y^2 + z^2 = 1$ の上に乗っているものをとる．さらに，x, y, z のうちのひとつでもゼロになると xy^2z はゼロになり，最大値にはならない．そこで，x, y, z はすべて正であるとしてよい．すると，$y^2 = 2x^2 = 2z^2$ を得る．したがって，$y = \sqrt{2}\,x$, $y = \sqrt{2}\,z$ のときに最大となる．すなわち，$y = \frac{1}{\sqrt{2}}$ のときに最大値をとり，最大値は $\frac{1}{8}$ である．

アポロニウスの最大最小問題（1.2 節参照）もラグランジュ乗数を使うと簡単に解ける．問題を再掲しよう．楕円

$$\frac{x^2}{a^2}+\frac{y^2}{b^2}=1 \tag{7.4}$$

の点で，定点 $\mathrm{P}=(p,q)$ との距離が最大もしくは最小になるものを求めよ．

$$f(x,y)=(x-p)^2+(y-q)^2-\lambda\bigl(b^2x^2+a^2y^2-a^2b^2\bigr)$$

とおく．

$$\frac{\partial f}{\partial x}=2(x-p)-2\lambda b^2x=0, \qquad \frac{\partial f}{\partial y}=2(y-q)-2\lambda a^2y=0.$$

これから，λ を消去すると，

$$\frac{x-p}{b^2x}=\frac{y-q}{a^2y}. \tag{7.5}$$

これと (7.4) を連立させれば根を得る．(7.5) は 6 ページの式 (1.4) の双曲線と同じもので，結果は第 1 章と，もちろん同じとなる．

7.4 変分法におけるラグランジュ乗数

ラグランジュ乗数は変分問題でも有効である．典型的な応用は等周問題である．これはすでに第 1 章や第 4 章で初等的に論じたところであるが，オイラーによって解析的な証明が与えられた．

ラグランジュ乗数は極めて一般的な設定のもとで使えるものであるが，具体例に基づいて説明するのが一番であろう．ここでは**図 7.2** のような状況を考えて問題設定する．平面の点 $\mathrm{P}=(0,0)$ と $\mathrm{Q}=(a,0)$ を結ぶ，長さ L の曲線が線分 PQ とともに囲む領域の面積が最大になるようにせよ．

解は次のようにして求めることができる．曲線を $y=y(x)$ $(0\le x\le a)$ で表す．ただし，$y(0)=y(a)=0$ とする．面積は $\int_0^a y(x)\,dx$ であり，ひもの長さは $\int_0^a \sqrt{1+(y'(x))^2}\,dx$ である．そこで汎関数

$$\int_0^a y(x)\,dx-\lambda\int_0^a \sqrt{1+(y'(x))^2}\,dx$$

を，関数 y について停留にすればよい．

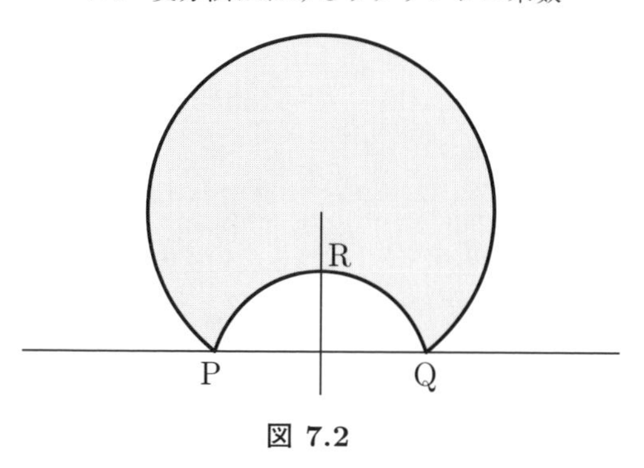

図 7.2

$$\Phi(y, y', \lambda) = y - \lambda\sqrt{1 + y'^2}$$

とおくと，停留にする y はオイラー–ラグランジュ方程式 $\Phi_y - (\Phi_{y'})' = 0$ を満たす．これを用いると，

$$\frac{d}{dx}\left[\Phi(y, y', \lambda) - y'\Phi_{y'}(y, y', \lambda)\right] = y'\left[\Phi_y - (\Phi_{y'})'\right] = 0$$

であるから，$\Phi - y'\Phi_{y'} =$ 定数 を得る．これを書き下すと，c を定数として，

$$y - \lambda\sqrt{1 + (y'(x))^2} + \lambda\frac{(y'(x))^2}{\sqrt{1 + (y'(x))^2}} = c.$$

すなわち，

$$\big(y'(x)\big)^2 = \frac{\lambda^2 - (y(x) - c)^2}{(y(x) - c)^2}.$$

これは積分が可能である．実際，

$$dx = \pm\frac{y - c}{\lambda^2 - (y - c)^2}\,dy$$

と書き直すことができるから，もうひとつ別の定数 c' が存在して，

$$x - c' = \pm\sqrt{\lambda^2 - (y - c)^2}, \qquad \text{すなわち}, \qquad (x - c')^2 + (y - c)^2 = \lambda^2.$$

これは円の方程式である．したがって，答は P と Q を結ぶ円弧でなければならない．この円弧の長さが L であること，点 P と Q を通ることから，円弧は完全に決定される．簡単な計算で，$c' = \frac{a}{2}$, $\lambda^2 = \frac{a^2}{4} + c^2$ であることがわかるが，これは円の中心が直線 $x = \frac{a}{2}$ の上にあることを意味する．ここで注意しなければいけないのは，$c > 0$ ならば円弧は多価関数になることである．$L > \frac{\pi a}{2}$

ならばこれが起きる．$a < L < \frac{\pi a}{2}$ ならば y は1価関数となる（**図 7.2** 参照）．多価関数であろうがなかろうが，無頓着に計算しても正しい計算にたどり着く．これをすばらしいことだと思うか，気持ち悪いと思うか，人それぞれである．筆者はこうした厳密性に欠ける計算を数学の授業から排除すべきではないと考えている．なぜそうしてもかまわないのかは，使い続けていけば後からわかってくるからである．

今度は同じ設定で，曲線と線分 PQ が囲む領域の重心ができるだけ高くなるようにする問題を考えよう．この場合，汎関数

$$\int_0^a \Phi(y, y', \lambda)\,dx = \frac{1}{2}\int_0^a y(x)^2\,dx - \lambda\int_0^a \sqrt{1 + (y'(x))^2}\,dx$$

を，任意の関数 y について停留にすればよい．y は $\Phi - y'\Phi_{y'} =$ 定数 を満たすから，

$$(y')^2 = \left(\frac{2\lambda}{y^2 - 2c}\right)^2 - 1. \tag{7.6}$$

この微分方程式の解は楕円関数を使えば表すことができるが，初等関数では表せない．弧の長さは

$$L = \int_0^a \sqrt{1 + (y')^2}\,dx = \int_0^a \frac{2|\lambda|}{|y^2 - 2c|}\,dx$$

であるから，これらより c が決まる．与えられたデータはすべて $x = \frac{a}{2}$ について対称であるから，解も対称であろう．一方で，最大を達成しているのだから曲線が何度も上がったり下がったりするのは不自然である．したがって，y は $x = 0$ で $y = 0$ をとり，$x = \frac{a}{2}$ で最大値 y_0 をとり，$0 < x < \frac{a}{2}$ では単調増大であると仮定することはおかしなことではなかろう．この考えのもとで具体的に計算を実行すると，

$$\begin{aligned}\frac{L}{2} &= \int_0^{a/2} \frac{2|\lambda|}{|y^2 - 2c|}\,dx = \int_0^{y_0} \frac{2|\lambda|}{|y^2 - 2c|y'}\,dy \\ &= \int_0^{y_0} \frac{2|\lambda|}{\sqrt{4\lambda^2 - (y^2 - 2c)^2}}\,dy.\end{aligned}$$

点 R において $y' = 0$ であるから，(7.6) によって $2|\lambda| = |y_0^2 - 2c|$ を得る．

完全な解に到達するにはさらに解析と計算が必要となるが，それは本書の初等的な性格にはそぐわないものであり，ここでは省略する．大事なのは，物理学的あるいは幾何学的な考察を極値問題に翻訳し，それをさらに微分方程式に帰着させ，微分方程式の解を求めることによって解の必要条件を導くことである．この筋道さえわかれば，細かいことは微分方程式の専門書にゆだねる方がよい．

曲線を PQ の周りに回転してできる 3 次元領域の体積を最大にすることを考えると，汎関数は次のようになる：

$$\int_0^a \Phi(y, y')\, dx = \pi \int_0^a y(x)^2\, dx - \lambda \int_0^a \sqrt{1 + (y'(x))^2}\, dx.$$

すなわち，ラグランジュ乗数を適当に変えれば上の重心の問題と同じであることがわかる．

ゼノドロスの等周問題はそもそも周囲の長さが与えられたときに面積を最大にする問題であるからラグランジュ乗数の応用問題であると言うことができる．

いささか唐突であるが，以上で本章を終わる．変分法の基本をさらに勉強したいという読者には，歴史的な名著で，現在でも得るところの多いクーラント/ヒルベルト [16] を読むことをお薦めする．ブリス [7]，カラテオドリ [14]，ボルツァ [9]，ゲリファント/フォーミン [68] などには様々な応用例や歴史的な背景が描かれており，参考になることが多い．ただ，これらは英語であり，分量も多く，簡単に読み通せるものではない．比較的読みやすく，しかも数学的な厳密さにも配慮のある加藤敏夫 [65] は著者のお気に入りである．しかし，これは絶版になっている．同じ内容が寺沢寛一 [72] でも読めるので，こちらをお薦めする．

演 習 問 題

7.1 ℓ, m, n を自然数とし，$x^2+y^2+z^2=1$ における $x^\ell y^m z^n$ の最大値を求めよ．

7.2 $0<b<a$ なる楕円

$$\frac{x^2}{a^2}+\frac{y^2}{b^2}=1 \tag{7.7}$$

を考える．このとき，楕円上の点で点 $(0,-b)$ から最も遠い点を求めよ．

7.3 同じ楕円 (7.7) に接線を引いて正の x 軸および正の y 軸と交わらせ，交点をそれぞれ A, B とする．三角形 OAB の面積の最小値を求めよ．また，OA + OB の最小値を求めよ．ただし，O は原点を表す．

7.4 双曲線 $xy=x^2+1$ の上の点で原点から最も近いものを求めよ．

7.5 x 軸上にある2点とそれらを上半平面 $0 \leq y$ 内にある曲線で結んで，面積を最大にするにはどうすればよいか？ ただし，曲線の長さは与えられているものとする．その条件下で，その端点も上の条件の下で自由に動かしてよいものとする．

7.6 x 軸の負の部分にある点と y 軸の負の部分にある点を，第3象限内にある与えられた長さの曲線で結んで，面積を最大にするにはどうすればよいか？ 曲線もその端点も上の条件の下で自由に動かしてよいものとする．

第8章
和算における最大最小問題

和算に現れる最大最小問題はそう多くはない．それでも，19世紀になると最大最小問題が現れてくる．ここではそのうちのいくつかを紹介しよう．すぐ理解されると思うが，和算における最大最小問題は力学などの背景が希薄で，ヨーロッパの最大最小問題とは趣を異にする．動機付けが違うというべきかもしれない．しかし，これはこれで十分に楽しめるのではないだろうか．

8.1 武田眞元

武田眞元[†]の階梯算法[†2]にある次の問題を考えてみよう．

階梯算法の問題（その1）

図8.1のように正三角形ABCがあり，そこに図のごとく2本の線分BEとCDを左右対称に入れる．EがAC上を動くとき，灰色に塗られた領域の面積を最大にせよ．

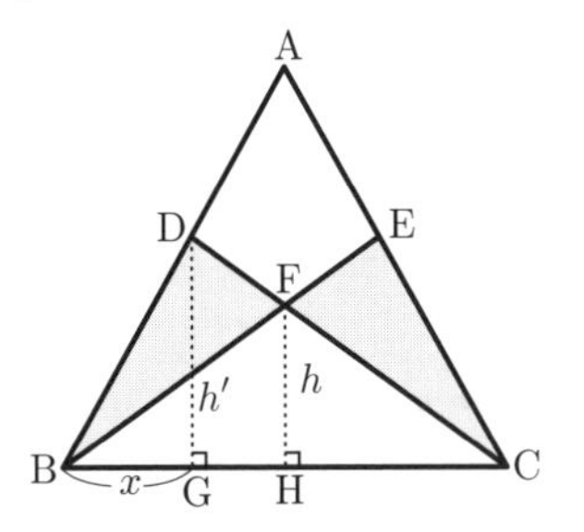

図8.1　△ABCは正三角形．GはDからBCへ下ろした垂線の足である．DとEはAD = AEとなるようにとる．BG = xとおく．

† 生年不詳–1847．大阪の和算家で，戦国武将の武田信玄と関係はない．

†2 1818年に書かれたと言われている．

正三角形の1辺の長さを1とし，$\mathrm{BG}=x$, $\mathrm{FH}=h$, $\mathrm{DG}=h'$ とすると，$x:h'=1:\sqrt{3}$．また，$h:\frac{1}{2}=h':(1-x)$．これから，次式を得る：

$$h'=\sqrt{3}\,x, \qquad h=\frac{\sqrt{3}\,x}{2(1-x)}.$$

これを使うと，

$$\begin{aligned}\triangle\mathrm{BDF}&=\triangle\mathrm{BDC}-\triangle\mathrm{BFC}\\&=\frac{1}{2}\times 1\times h'-\frac{1}{2}\times 1\times h=\frac{1}{2}\left(\sqrt{3}\,x-\frac{\sqrt{3}\,x}{2(1-x)}\right).\end{aligned}$$

したがって

$$\text{灰色の部分の面積}=\frac{\sqrt{3}(1-2x)x}{2(1-x)}.$$

これを $0<x<\frac{1}{2}$ で最大にすればよい．微分しても結構だが，

$$\frac{(1-2x)x}{1-x}=3-\frac{1}{1-x}-2(1-x)\leq 3-2\sqrt{\frac{1}{1-x}\times 2(1-x)}$$

と変形すると，$2(1-x)=\frac{1}{1-x}$ のとき，つまり，$x=1-\frac{1}{\sqrt{2}}\in(0,\frac{1}{2})$ のときに最大となることがわかる．

同じく階梯算法に次の問題が見える．

階梯算法の問題（その2）

直角三角形に内接する正三角形のうちで最小のものを求めよ（**図8.2 (a)**）．

正三角形であることは仮定されているので，面積最小と言っても，1辺の長さが最小と言っても同じことである．**図8.2 (b)** において $\mathrm{AC}=b$, $\mathrm{CB}=a$ とおくと，

$$a-\left[r\cos\theta+r\cos\left(\pi-\frac{\pi}{3}-\theta\right)\right]:r\sin\left(\pi-\frac{\pi}{3}-\theta\right)=a:b.$$

これから

$$\begin{aligned}r&=\frac{ab}{a\sin(\frac{2\pi}{3}-\theta)+b\cos\theta+b\cos(\frac{2\pi}{3}-\theta)}\\&=\frac{2ab}{(a+\sqrt{3}\,b)\sin\theta+(\sqrt{3}\,a+b)\cos\theta}\end{aligned}$$

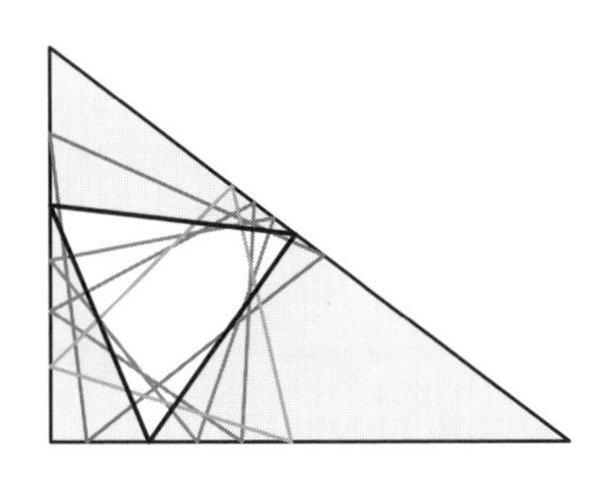

(**a**) 内接する正三角形は無数にある

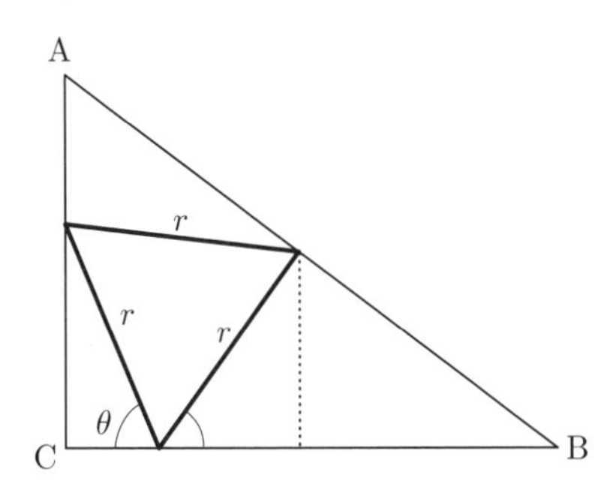

(**b**) 正三角形の 1 辺を r とする

図 8.2 直角三角形に内接する正三角形.

を得る．これを最小にするには分母を最大にすればよい．

コーシー–シュワルツの不等式を使うと，

$$
\begin{aligned}
&(a+\sqrt{3}\,b)\sin\theta+(\sqrt{3}\,a+b)\cos\theta \\
&\leq \sqrt{(a+\sqrt{3}\,b)^2+(\sqrt{3}\,a+b)^2}\,\sqrt{\cos^2\theta+\sin^2\theta} \\
&= \sqrt{4a^2+4b^2+4\sqrt{3}\,ab}
\end{aligned}
$$

を得る．等号は

$$\cos\theta:\sin\theta=(\sqrt{3}\,a+b):(a+\sqrt{3}\,b)$$

のとき，つまり，$\tan\theta=\frac{a+\sqrt{3}\,b}{\sqrt{3}\,a+b}$ のときである．これで $\theta\in(0,\frac{2}{\pi})$ がただひとつ決まるから，これが答である．このとき，

$$r=\frac{ab}{\sqrt{a^2+b^2+\sqrt{3}\,ab}}$$

となる．たとえば，$a=b$ のときには $\theta=45^\circ$ であり，$r=\frac{a}{\sqrt{2+\sqrt{3}}}=\frac{\sqrt{2}\,a}{\sqrt{3}+1}$ である．

∠C が直角であることは本質的な条件ではない．一般の三角形でもちょっと式が複雑になるだけで，同様の解答が可能である．

8.2 久留島義太

久留島義太の問題（その1）

与えられた円（半径を r とする）の中で，弧ACBの長さを s とする．矢CDの長さを a とする．このとき $\frac{s}{a}$ を最小にせよ．

藤原 [75] によれば，この問題は久留島義太 † のものと言われている．

図 8.3 (a) において，弧ACBの長さが s である．中央の点Cから弦ABに下ろした垂線の足をDとし，CDを矢と呼ぶのが和算の習わしである．円の中心をOとし，図のように角度 θ を決めると，$s = 2r\theta,\ a = r - r\cos\theta$ である．したがって，

$$f(\theta) = \frac{\theta}{1-\cos\theta} \qquad (0 < \theta < \pi)$$

を最小にすればよい．この関数のグラフは**図 8.3 (b)** のようになる．$\theta \downarrow 0$ のとき $f(\theta) \to \infty$ に注意せよ．$\theta \approx 2.3$ のあたりで最小値をとる．f を微分してみたらわかるように，最小値を与える θ は $\theta\sin\theta + \cos\theta = 1$ の根である．あるいは，$\theta = \tan\frac{\theta}{2}$ の根であると言っても同じことである．この根は数値計算で求めるしかない．精密な値は $\theta \approx 2.33112237$ である．

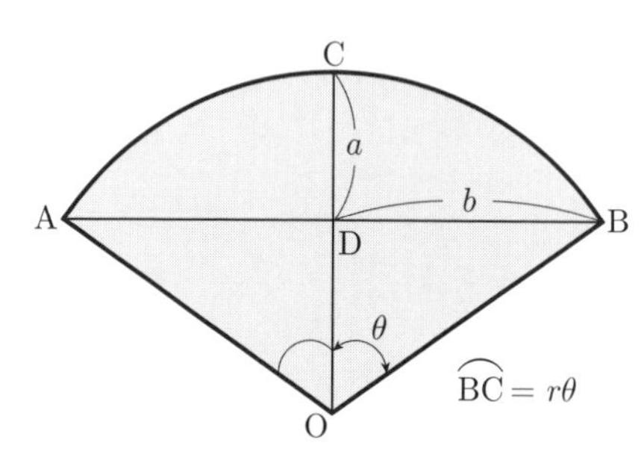

(a) 弧と矢の比を極小にする

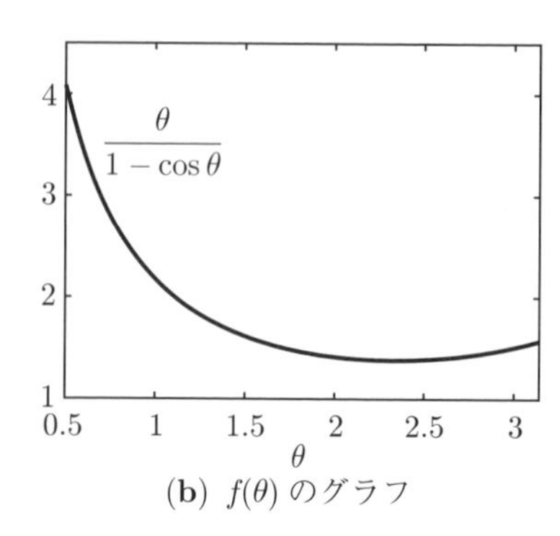

(b) $f(\theta)$ のグラフ

図 8.3 久留島義太の問題（その1）．

† 生年不詳–1758.「くるしま よしひろ」と読む．

次に，細井 [76] から久留島の問題をひろってみよう．

久留島義太の問題（その 2）

図 8.4 (**a**) のように ABCD なる台形の辺 AB の上に P がある．AB $= 12$ は与えられており，DP $= 5$, CP $= 15$ も与えられている．このとき台形 ABCD の面積が最大になるようにせよ．

これを解くために，AP $= x$ とおいてみると，他の辺の長さは決まる：

$$\mathrm{AD} = \sqrt{25 - x^2}, \qquad \mathrm{BC} = \sqrt{225 - (12 - x)^2}$$

であるから，台形の面積は

$$\frac{1}{2} \times 12 \times \left[\sqrt{25 - x^2} + \sqrt{225 - (12 - x)^2}\right].$$

微分することで，$x = 3$ において最大となることがわかる．きれいな答になるように数値が与えられているところは見事である．

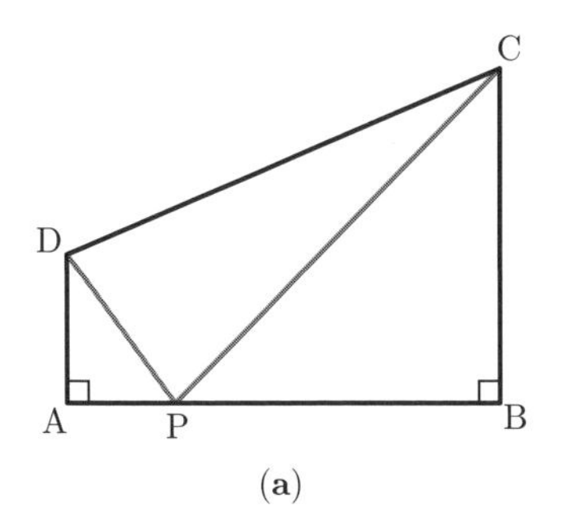

(**a**)

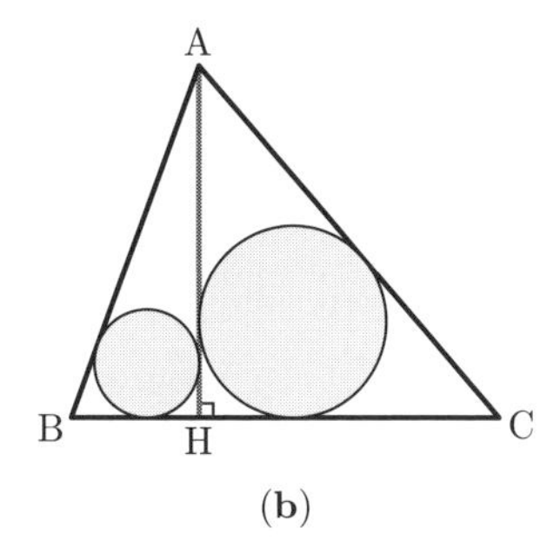

(**b**)

図 8.4 久留島義太の問題（その 2）．

久留島義太の問題（その 3）

図 8.4 (**b**) のように，三角形 ABC の頂点 A から垂線 AH を下ろし，2 円を内接させる．右側の円の直径は 195，左側の円の直径は 130 と与えられている．このような三角形のうち面積最小のものを求めよ．

これを解くために，BH $= x$, AH $= y$, HC $= z$ とおく．

$$\frac{130}{2} = \frac{xy}{x + y + \sqrt{x^2 + y^2}}, \qquad \frac{195}{2} = \frac{yz}{y + z + \sqrt{y^2 + z^2}}.$$

$a = \frac{130}{2}$, $b = \frac{195}{2}$ とすると，

$$x = \frac{2a(y-a)}{y-2a}, \qquad z = \frac{2b(y-b)}{y-2b}.$$

$\frac{(x+z)y}{2}$ を最小にするわけだから，この量を $y > 2b$ の関数と見なす．

$$f(y) = \frac{ay(y-a)}{y-2a} + \frac{by(y-b)}{y-2b}$$

とおいて，$f'(y) = 0$ なる y を求めればよい．具体的には，

$$f'(y) = a + b - \frac{2a^3}{(y-2a)^2} - \frac{2b^3}{(y-2b)^2}$$

であるから，y の 4 次式に帰着する．a と b に問題で与えられた数値を入れて f のグラフを描いてみると**図 8.5** のようになり，$y \approx 300$ のあたりで最小となることが見て取れる．数値計算してみると，近似値として 308.003 を得る．$f'(y) = 0$ は次式と同値であるが，一般の a, b に対してこれ以上の因数分解はできないようである．

$$(a+b)y^4 - 4(a+b)^2y^3 + 2(a+b)(a^2 + 9ab + b^2)y^2$$
$$- 8ab(a^2 + 4ab + b^2)y + 8a^2b^2(a+b) = 0.$$

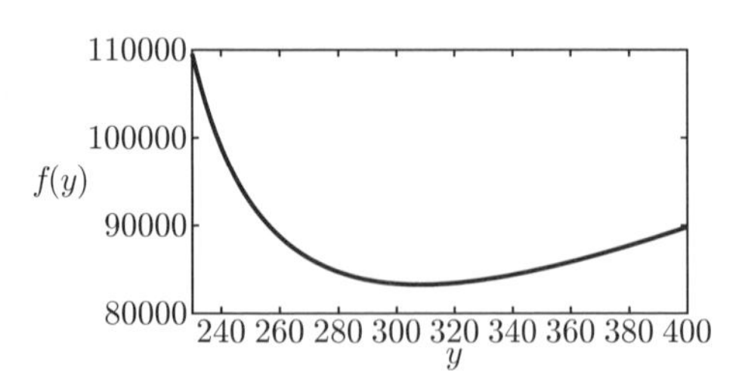

図 8.5 久留島義太の問題（その 3）．

8.3 和 田 寧

和田 寧 † は定積分の研究で有名である．

---

† 1787–1840.「わだ ねい」あるいは「わだ やすし」と読む．

和田 寧の問題

与えられた線分を斜辺に持つ直角三角形内に，**図 8.6** のように円弧を描くとき，この円弧の長さを最大にするにはどうすればよいか？

斜辺の長さを 1 とし，**図 8.6** のように角度 θ を導入すれば，円弧の長さは $\theta\cos\theta$ である．これを $0 < \theta < \frac{\pi}{2}$ で最大にすればよい．$f(\theta) = \theta\cos\theta$ を微分すると，$f'(\theta) = \cos\theta - \theta\sin\theta$．したがって，$\theta = \cot\theta$ なる θ で最大となる．上に述べた久留島の問題でもそうであるが，超越方程式の根を精密に計算するにはニュートン法を用いるのがよい．この超越方程式は次節に出てくる問題と同じものなので，数値計算はそこで紹介することとし，ここでは述べない．

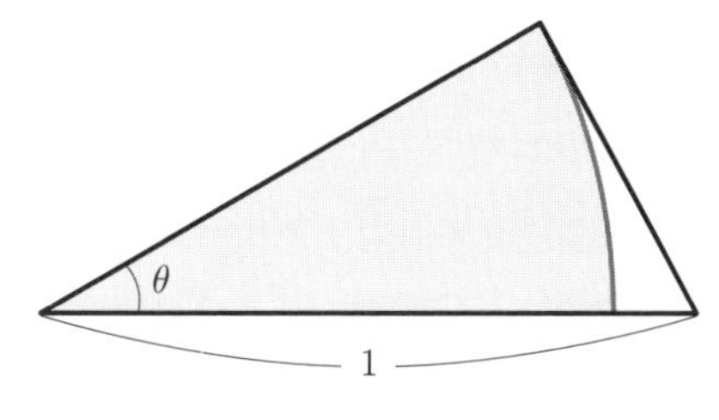

図 8.6　和田寧の問題.

8.4 佐 藤 雪 山

佐藤雪山[†] の**算法円理三台**（1846 年）にも高度な問題が掲げられている．いくつかを紹介しよう．以下に説明する問題は[74]にも掲載されているが，高校生にもわかるように計算を省略せずに紹介したい．

佐藤雪山の問題（その 1）

図 8.7 (a) のように，円形の団扇の中に様々な円弧を描く．すべて，円の下端を中心とする円弧である．これらの中で最も長いのはどれか？

この問題は実は和田寧の考えた問題と，数学的には同等となる．**図 8.7 (b)** のように角度 $\theta \in (0, \frac{\pi}{2})$ を定義し，直径 AB を a としよう．このとき $\mathrm{AC} = a\cos\theta$

† 1814–1858.

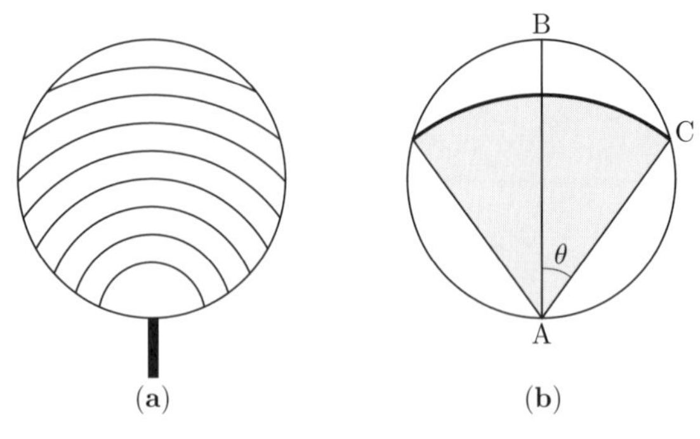

図 8.7　円形の団扇.

であるから, C を通る円弧の長さは $2a\theta\cos\theta$ である. $(\theta\cos\theta)' = \cos\theta - \theta\sin\theta$ であるから, 最大値をとる θ は

$$\theta = \cot\theta \qquad \left(0 < \theta < \frac{\pi}{2}\right)$$

で特徴づけられる. この値を計算するには近似計算をするしかない. $\theta\cos\theta$ をグラフにしてみると**図 8.8** のようになる. これから, だいたい $\theta \approx 0.8$ くらいで最大値をとることがわかる.

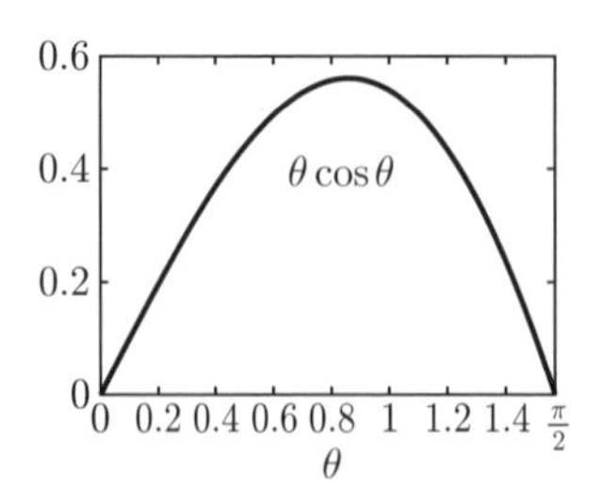

図 8.8　$\theta\cos\theta$ のグラフ.

ニュートン法† を用いて計算してみよう.

$$x_0 = 0.8,$$
$$x_{n+1} = x_n - \frac{\cos x_n - x_n \sin x_n}{-2\sin x_n - x_n\cos x_n} \qquad (n = 0, 1, \cdots)$$

† ニュートン法は方程式の根の近似法である. これについては付録で説明する.

を数値計算してみると，答は $\theta \approx 0.86033$（約 49.3°）のときに達成されることがわかる（**表 8.1**）．$a = 1$ のとき，最大値はだいたい $1.1221926\cdots$ である．佐藤雪山の答は「1.12219 有奇」である † からよく合っている．

表 8.1

x_0	0.8000000000000
x_1	0.8608287040850
x_2	0.8603336663411
x_3	0.8603335890194
x_4	0.8603335890194

次の問題も算法円理三台にあるが，こちらの方はもう少し計算を要する．

佐藤雪山の問題（その 2）

図 8.9 (a) のように直交する楕円の共通部分を取り除いた残りの部分の面積を最大にするにはどうすればよいか？ ただし，二つの楕円は向きを除いて同じものであり，中心を共有し，長径の長さを 2 とし，二つの長径は直交するものとする．

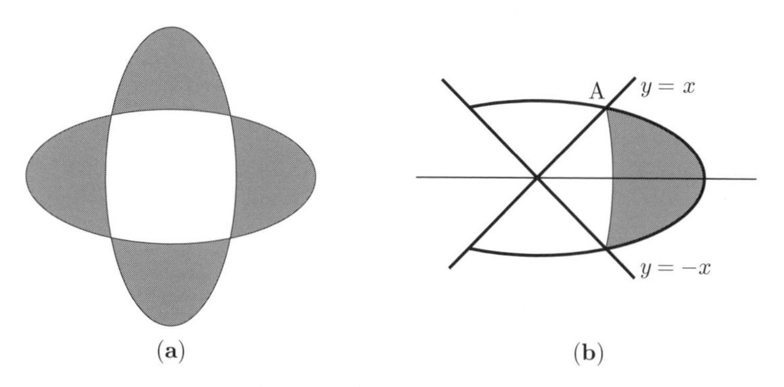

図 8.9 佐藤雪山の問題．

† 有奇とはそこでちょうど終わるのではなく，その後も数が続くことを意味する和算の用語である．

二つの楕円を

$$x^2 + \frac{y^2}{b^2} = 1, \qquad \frac{x^2}{b^2} + y^2 = 1$$

とする．ここで $0 < b < 1$ はパラメータである．**図 8.9** (**b**) の灰色部分が最大値となる b を求めればよい．

図 8.9 (**b**) における点 A の座標は $\mathrm{A} = \left(\frac{b}{\sqrt{1+b^2}}, \frac{b}{\sqrt{1+b^2}}\right)$ と計算できる．したがって，**図 8.9** (**b**) の面積は

$$S = \int_{-b/\sqrt{1+b^2}}^{b/\sqrt{1+b^2}} \sqrt{1 - \frac{y^2}{b^2}}\,dy - \int_{-b/\sqrt{1+b^2}}^{b/\sqrt{1+b^2}} b\sqrt{1-y^2}\,dy.$$

$b = \tan\beta$ で β を定義すれば，$\frac{b}{\sqrt{1+b^2}} = \sin\beta$ である．

積分を実行すると，

$$S = \left(\frac{\pi}{2} - 2\beta\right)\tan\beta.$$

したがって，$0 < \beta < \frac{\pi}{4}$ における関数

$$S(\beta) = \left(\frac{\pi}{2} - 2\beta\right)\tan\beta$$

の最大値を求めればよい．この関数のグラフを描くと**図 8.10** のようになる．

$$S'(\beta) = \left(\frac{\pi}{2} - 2\beta\right)\frac{1}{\cos^2\beta} - 2\tan\beta$$

であるから，最大値を与える β は，$\frac{\pi}{2} - 2\beta - \sin(2\beta) = 0$ の根である．根 β と b の近似値は，

$$\beta \approx 0.4158555967, \quad b \approx 0.4416107917$$

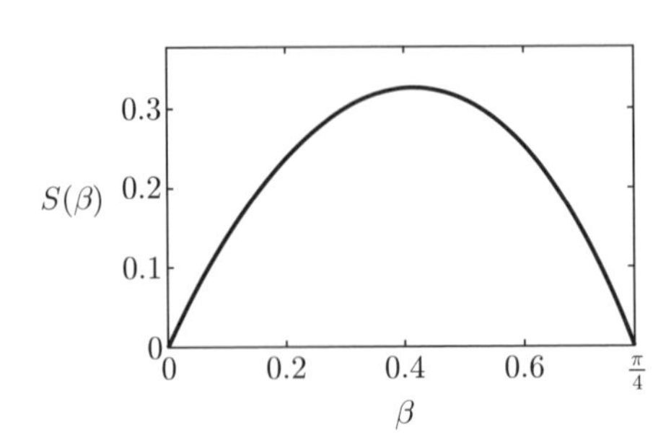

図 8.10 $S(\beta)$ のグラフ．$0 < \beta < \frac{\pi}{4}$.

である．このとき S は $S \approx 0.3263879708$ であるが，佐藤雪山の答はここでも6桁合っている．

最後に，算法円理三台の付録に掲載されている問題を考えよう．**図 8.11 (a)** のように直径1の円の中に扇形を内接させ，その扇形の中に小円を内接させる．このとき，小円の直径の最大値はいくらか？

図 8.11 (a) で $\mathrm{AB} = 1$ とし，小円の半径を r とする．扇形を作っている円（の一部）の半径は $\cos\theta$ である．ゆえに

$$(\cos\theta - r)\sin\theta = r, \quad \text{すなわち}, \quad r = \frac{\sin\theta\cos\theta}{2(1+\sin\theta)}.$$

微分すると，

$$\frac{dr}{d\theta} = \frac{1 - 2\sin^2\theta - \sin^3\theta}{2(1+\sin\theta)^2}.$$

$X = \sin\theta$ とおくと，この式の分子は $1 - 2X^2 - X^3 = (1+X)(1-X-X^2)$ と表すことができるから，

$$\sin\theta = \frac{-1+\sqrt{5}}{2}$$

のときに最大となる．このとき小円の直径は，$2r = 0.600566211\cdots$ である．算法円理三台の答は，「六分 00 五六七四有奇」であるから，5桁合っている．直径は有理数ではないが，ほぼ0.6になっている．こういうところも和算家に好まれたのであろう．

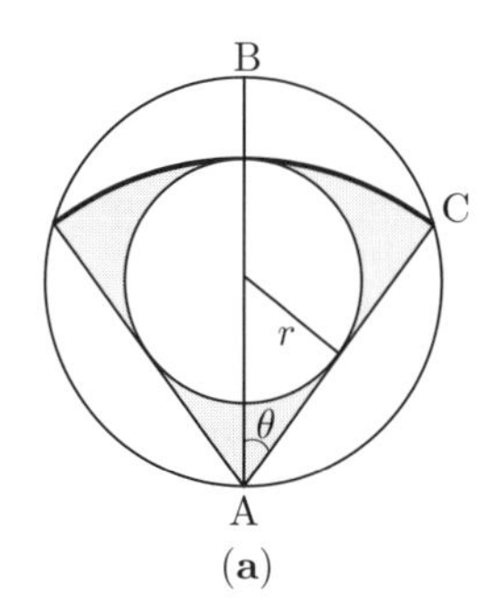

(a)

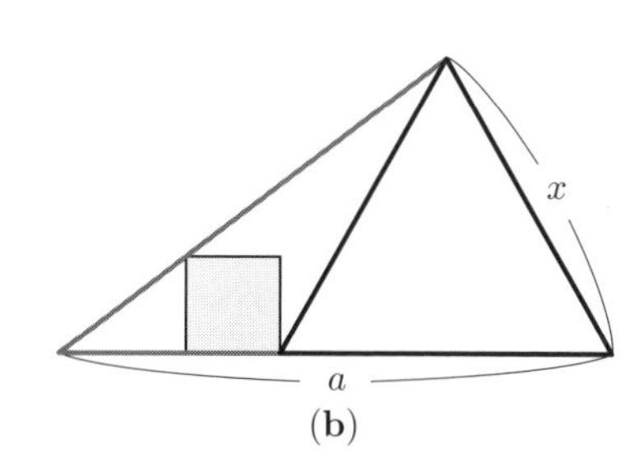

(b)

図 8.11

演 習 問 題

8.1 **図 8.11 (b)** のように，長さ a の線分の上に1辺の長さ x の正三角形をおく．その1辺は線分上にあり，1頂点は線分の右端に一致するようにとる．このとき正三角形の頂点と線分の左端を結んでできる三角形内に図のように正方形を描く．この正方形の1辺の長さを最大にするには x をどうとればよいか？ †

8.2 **図 8.12 (a)** のように直角三角形の1辺 $\mathrm{AB} = a$ を与え，もう一方の辺 $\mathrm{BC} = x$ を変化させる．点Cを中心とする半径 x の円弧を直角三角形内に描きその外側にあって，直角三角形に内接する正方形を考える．このとき，正方形の1辺の長さを最大にする x の大きさはいくらか？ †2

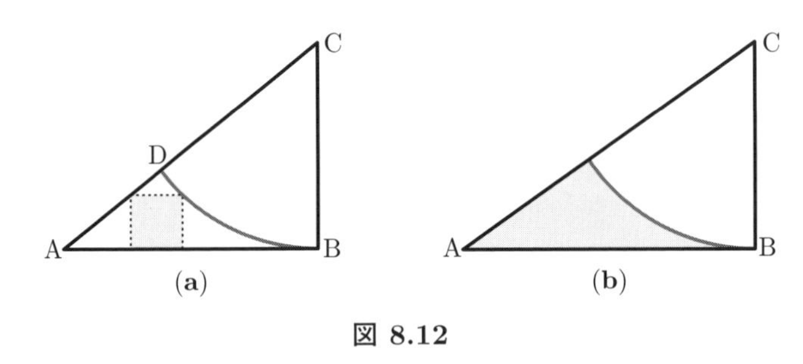

図 8.12

8.3 直角三角形の1辺の長さ $\mathrm{AB} = a$ を与える．それに直交する辺の長さを $\mathrm{BC} = x$ とする．**図 8.12 (b)** のようにCを中心とする半径 x の円を描き，残りの灰色の部分の面積を最大にするには x をどうとったらよいか？ †3

8.4 2本の直線 $y = x$ と $y = -x$ に接し，x 軸の正の部分に中心を持つ円を考える．この円の内部にあり，かつ，直線 $x = 1$ の左側にある部分の面積を最大にせよ．†4

8.5 楕円の周上の4点を結んで菱形を作る．このような菱形のうち面積最小のものは何か？ また周長最小のものは何か？ †5

---

† 階梯算法からとった．

†2 この問題は武田眞元の眞元算法（出版されているのは弘化2年（1846年））にある問題である．

†3 階梯算法にある問題．

†4 算法円理三台にある同様の問題を易しく変形したものである．

†5 これも階梯算法にある問題．

第 9 章
様々な最大最小問題

本章では雑多な問題を集めてみる.

9.1　三角関数の応用

次の問題の歴史は古い. どれくらい古いか著者は知らない.

三角関数の応用（その 1）

与えられた円に外接する三角形のうち, 面積最小のものは正三角形である. また, 周長が最小のものも正三角形である.

【証明】 三角形の角を $2\alpha, 2\beta, 2\gamma$ とおくと, $\alpha+\beta+\gamma=\frac{\pi}{2}$. 与えられた円の半径を r とすれば, 周長は

$$2r(\cot\alpha+\cot\beta+\cot\gamma)$$

となる. 面積は

$$r^2(\cot\alpha+\cot\beta+\cot\gamma).$$

したがって, 面積でも周長でも同じ答になる. $\alpha+\beta+\gamma=\frac{\pi}{2}$ のとき常に,

$$\cot\alpha\cot\beta\cot\gamma=\cot\alpha+\cot\beta+\cot\gamma$$

が成り立つから,

$$\left(\frac{\cot\alpha+\cot\beta+\cot\gamma}{3}\right)^3 \geq \cot\alpha\cot\beta\cot\gamma=\cot\alpha+\cot\beta+\cot\gamma.$$

ゆえに

$$\cot\alpha+\cot\beta+\cot\gamma\geq 3\sqrt{3}.$$

等号が成り立つのは $\cot\alpha=\cot\beta=\cot\gamma$ のときである. □

三角関数の応用（その2）

与えられた円に内接する三角形のうち，面積最大のものは正三角形である．また，周長が最大のものも正三角形である．

周を最大化してみよう．三角形の角度を $\angle A$, $\angle B$, $\angle C$ とする．正弦定理を使うと，$0 < \angle A, \angle B, \angle C < \pi$, $\angle A + \angle B + \angle C = \pi$ の条件の下で，$\sin\angle A + \sin\angle B + \sin\angle C$ を最大化することに帰着する．

$$\sin\angle A + \sin\angle B + \sin\angle C \leq \frac{3\sqrt{3}}{2} \tag{9.1}$$

が成り立ち，等号は

$$\angle A = \angle B = \angle C = \frac{\pi}{3}$$

のときに限る．これは $\angle C$ を消去すれば2変数関数の最大値問題となり，微分法の応用問題となる．

外接円の半径を R とすれば,

$$\text{面積} = \frac{1}{2}bc\sin\angle A = 2R^2\sin\angle A\sin\angle B\sin\angle C$$

となるから，面積の場合には $\sin\angle A\sin\angle B\sin\angle C$ を $\angle A + \angle B + \angle C = \pi$ の下で最大化することになる．

初等幾何の問題を三角関数の応用で解くというのは19世紀には常識となっていた．マオール[39]には良問が並んでいるし，問題集[4]や[5]にも挑戦しがいのある問題が多い．

9.2 シンプソン

18世紀に活躍した数学者トーマス シンプソン† はいくつかの優れた教科書を残した．次の問題は古くから考えられてきたようであるが, 彼の教科書 Elements of Geometry（第5版，1800年）にも現れている．

---

† Thomas Simpson, 1710–1761. 数値積分のシンプソン公式で有名であるが，その他の業績もある[63]．我々の知っている形でニュートン法を使ったのもシンプソンが最初である．

扇形内の1点

図 9.1 のように B を頂点とする 2 本の半直線 BA と BC で囲まれた無限扇形領域を考える．この内部に点 P を任意に与える．点 P を通る直線と AB, CB で三角形を囲み，その面積を最小にせよ．

この三角形は，扇形で切り取られる線分の中点が P になることで特徴付けられる．

求める線分 QPR は次のように作図できる．まず，**図 9.1** のように平行四辺形 BMPN を作図する．そして，BA 上に点 Q を QM = MB となるようにとる．QP を延長して BC との交点を R とする．このとき QPR が求めるものである．

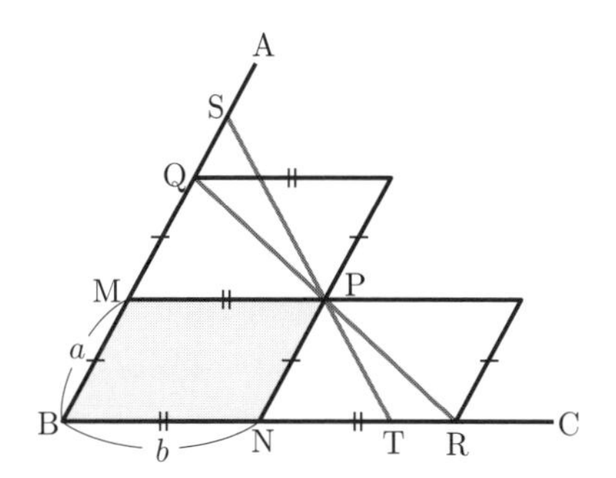

図 9.1　与えられた扇形内に 1 点 P をとる．

【証明】　解析的に証明することは難しくない．**図 9.1** で，点 P を通る線分 SPT を考える．MB = PN = a, MP = BN = b, x = MS, y = NT とおく．a と b は与えられた正定数であるとしてよい．このとき $x : b = a : y$ であるから，$y = \frac{ab}{x}$ である．

$$\triangle \mathrm{BST} = \frac{1}{2}(a+x)(b+y)\sin\beta \qquad (\beta = \angle \mathrm{B})$$

であるから，$(a+x)(b+y) = 2ab + ay + bx$ を最小にすればよい．

$$ay + bx \geq 2\sqrt{ay \cdot bx} = 2ab$$

で，等号は $ay = bx$ のとき，つまり，$x = a$, $y = b$ のときである．これは点 P が ST の中点となるときである．□

上の問題を，三角形の周長を最小にせよというふうに変形するととたんに難しくなる．余弦定理によって，

$$x + y + \sqrt{x^2 + b^2 - 2bx\cos\beta} + \sqrt{y^2 + a^2 - 2ay\cos\beta} \qquad \left(y = \frac{ab}{x}\right)$$

を最小にすればよい．これはなかなかやっかいで，数値的に解くしかない．y を消去すると

$$x + \frac{ab}{x} + \frac{x+a}{x}\sqrt{x^2 + b^2 - 2bx\cos\beta}.$$

この関数を $0 < x < \infty$ で最小にする必要がある．微分すると，かなりの計算の後，問題は x の2次方程式に帰着する．結果を述べると，

$$x = \frac{\sqrt{ab}\sin\frac{\beta}{2} + b}{\sqrt{ab}\sin\frac{\beta}{2} + a}\,a \tag{9.2}$$

のときに最小となる．

これとは別に線分STの長さを最小にせよ，という問題がある．これは3次方程式に帰着される．実際，STの長さを x だけで表すと，

$$\frac{x+a}{x}\sqrt{x^2 + b^2 - 2bx\cos\beta}$$

となるが，これを微分すると，

$$x^3 - (b\cos\beta)x^2 + (ab\cos\beta)x - ab^2 = 0$$

を得る．この根は一般には定規とコンパスのみでは作図できない．特別な場合，たとえば，β が 90° のときとか，$a = b$ のときには解ける．

シンプソン [48] には以下のような問題が見える．

円錐内の円柱

図 9.2 (a) のように直円錐内に納まる直円柱の体積の最大値は？

$\mathrm{AC} = a$, $\mathrm{BC} = b$ とおく．これらは与えられた定数である．$\mathrm{IC} = x$ とおくと，$\mathrm{FI} = \frac{b(a-x)}{a}$ である．したがって円柱の体積は

$$V = \pi x^2 \times \frac{b(a-x)}{a}.$$

したがって，$x^2(a-x)$ を $0 < x < a$ で最大にすればよい．あとはケプラーの

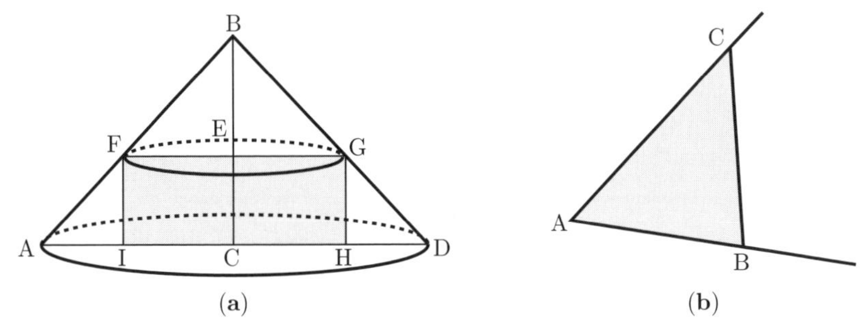

図 9.2　シンプソンの教科書から.

問題のようにして,

$$\frac{2a}{3} = \frac{x+x+2(a-x)}{3} \geq \sqrt[3]{x^2 \times 2(a-x)}$$

から

$$x^2(a-x) \leq \frac{4a^3}{27}.$$

最大値を達成するのは $x = \frac{2a}{3}$ のときである.

扇の問題

図 9.2 (b) において B と C は A から出ている半直線三角形の上にある. △ABC の面積は与えられている. このとき長さ BC の最小値は？

BC が最小となるのは AB = AC となるときである. AB $= x$, AC $= y$ とすれば, $\triangle \mathrm{ABC} = \frac{1}{2}xy\sin\angle \mathrm{A}$ であるから, xy は与えられていることになる.

$$\mathrm{BC}^2 = x^2 + y^2 - 2xy\cos\angle \mathrm{A}$$

であるから, xy 一定のもとで, x^2+y^2 を最小化することが求められている. これは $x=y$ のときである.

同じく**図 9.2 (b)** において, 長さ一定のひもを C から A を通って B までぴんと張る. このとき BC の最小値は何か？ $x+y=L$ が一定のもとで, $x^2+y^2-2xy\cos\alpha$ を最小にすればよい. $x=y$ のとき最小になる.

円錐から放物線を切り取る

図 9.3 のような直円錐から放物線を切り取るとき，切り口 LMNO の面積を最大にするにはどうすればよいか？ ただし，母線 AC に平行で，直径 CD に直交する平面で切るものとする．

$CD = 2R$, $\angle ACD = \angle ADC = \alpha$ とおく．$DM = x$ とすれば，$NM = \sqrt{2Rx - x^2}$, $OM = x\cos\alpha$ となる．ゆえに，放物型の面積は

$$\frac{2}{3}x\cos\alpha\sqrt{2Rx - x^2}$$

で与えられる．つまり，$(2R - x)x^3$ を最大にすればよい．したがって $x = \frac{3R}{2}$ のときである．

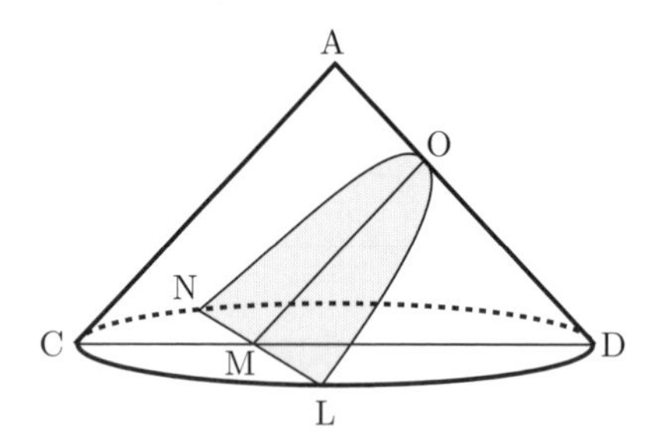

図 9.3　AC に平行に，LMNO を切る．

9.3　19 世紀のイギリス・トライポスの問題

19 世紀のケンブリッジ大学にはトライポスという独特の試験体制が存在し，学生生活に君臨していた．これは実に激烈な競争試験で，その 1 位になった学生には大きな名誉と特典が与えられた．数学から力学・光学に関する様々な問題が出題されたが，その性格上，普通では解けないような難問も出題された．次第にその弊害が顕著になり，難問による試験は 20 世紀になって，もっと緩やかなものに置き換えられた．トライポスは現在のケンブリッジ大学にもあることはあるけれども，19 世紀のトライポスとは性格の異なるものである．クレイク [20] には 19 世紀イギリスの大学教育に関する極めて興味ある事実が書かれている．難しすぎる問題およびそれを使った学生の序列化の弊害については

数学者ハーディーが強く非難しているところである[27]．数学の先生にはお読みいただければ得るところが大きいのではないかと推測する．本書ではトライポスで出題された最大最小問題の中から今でも興味が引かれるものを四つ引用する．

1826 年のトライポスの問題

> $\triangle$ABC の $\angle$A が与えられており，その周長も与えられているものとする．このような三角形のうち面積最大のものを求めよ．

これは実は古くから考えられてきた問題である．上記のシンプソンの問題の変形とみることができる．これを解くには，$\angle \mathrm{A} = \alpha$ とし，

$$\sqrt{b^2 + c^2 - 2bc\cos\alpha} + b + c = L$$

が一定という条件のもとで，$\frac{1}{2}bc\sin\alpha$ を，すなわち bc を最大にすればよい．この式から c を b の関数として表せば，

$$c = \frac{L}{2}\frac{2b - L}{(1+\cos\alpha)b - L}.$$

これを使って bc を b のみの関数とすれば，

$$bc = \frac{L}{2}\frac{2b^2 - Lb}{(1+\cos\alpha)b - L}.$$

微分すると 2 次方程式を得るが，そのうち 1 つのみが問題に適する：

$$b = \frac{L}{2}\frac{1}{1+\sin\frac{\alpha}{2}}$$

で最大となることがわかる．これは三角形が二等辺三角形の場合である．ラグランジュ乗数を使っても同じ結果を得る．

1821 年のトライポスの問題

> 底辺が与えられ，かつ，対応する頂角の大きさも与えられた三角形のうち，周長が最大となるのはどういう三角形か？

このような三角形は，底辺を弦に持つ円周上に乗っているから，答は二等辺三角形になるときである．実際，頂角を α とし，それを挟む辺の長さを b, c とすれば，

$b^2+c^2-2bc\cos\alpha$ は一定である．この条件のもとで，$b+c$ を最大にすればよい．あとはラグランジュ乗数 λ を導入して，$f(b,c)=b+c-\lambda(b^2+c^2-2bc\cos\alpha)$ を考えればよい．

1823年のトライポスの問題

平面内に相異なる3点A, B, Cが与えられている．Cを通る直線 L で

[点Aと直線 L の距離] × [点Bと直線 L の距離]

が最大となるのはどういうときか？

∠ACBの二等分線に一致するか，もしくは二等分線に直交する場合である．どちらになるかはA, B, Cの互いの配置により，∠ACBが鋭角か鈍角かに依存する．読者自らどちらになるか考えてみられたい．また，A, B, Cが一直線上に乗っている場合についても考察されたい．

1854年のトライポスの問題

$0<\alpha,\beta,\gamma$ で，$\alpha+\beta+\gamma=\frac{\pi}{2}$ の範囲で α,β,γ が動くとき，$\tan^2\alpha+\tan^2\beta+\tan^2\gamma$ の最小値は1である．これを証明せよ．

条件によって，$\cos(\alpha+\beta+\gamma)=0$ である．これをばらすと，

$$\cos\alpha\cos\beta\cos\gamma-\cos\alpha\sin\beta\sin\gamma-\sin\alpha\cos\beta\sin\gamma$$
$$-\sin\alpha\sin\beta\cos\gamma=0$$

を得る．これは，

$$1=\tan\beta\tan\gamma+\tan\gamma\tan\alpha+\tan\alpha\tan\beta$$

と書き直すことができる．あとは相加相乗平均によって，$2\tan\beta\tan\gamma\leq\tan^2\beta+\tan^2\gamma$ などを用いると結論を得る．

1850年にインドのカルカッタで発行されている書物[46]にも次の二つの不思議な問題が考案されている．

問題 1

図 9.4 (a) のように，原点 O の周りに直角三角形 AOB をおいて回転させる．A は y 軸に，B は x 軸にあるものとし，そこから半時計回りに θ だけ回転する．C, D はそれぞれ，x 軸への垂線の足である．このとき，$\mathrm{A'C}+\mathrm{B'D}$ を最大にするにはどう回転すればよいか？ また $\triangle\mathrm{A'CO}$ の面積と $\triangle\mathrm{B'OD}$ の面積の和を最大にするにはどれだけ回転すればよいか？

$\mathrm{AO}=a, \mathrm{BO}=b$ とおくと，

$$\mathrm{A'C}+\mathrm{B'D}=a\cos\theta+b\sin\theta.$$

したがって，$\tan\theta=\frac{b}{a}$ となる θ のときに最大値 $\sqrt{a^2+b^2}$ をとる．また，

$$\triangle\mathrm{A'CO}+\triangle\mathrm{B'DO}=\frac{a^2+b^2}{4}\sin(2\theta)$$

である．したがって，$\theta=45^\circ$ のときに最大値 $\frac{a^2+b^2}{4}$ をとる．

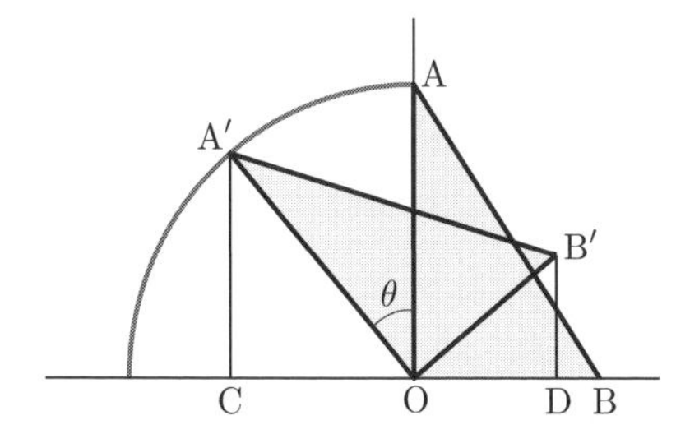

(a) 直角三角形を回転する

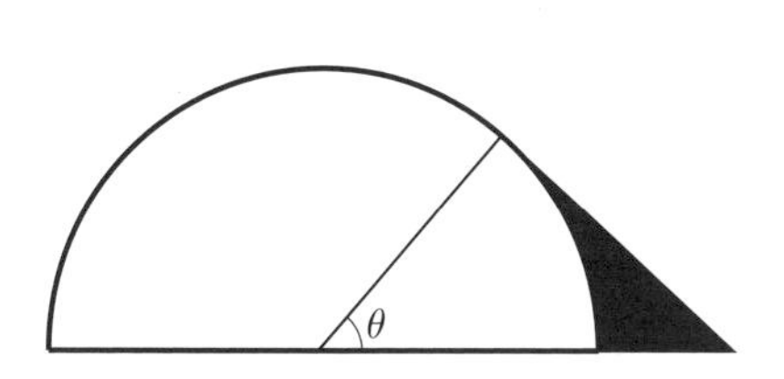

(b) 半円の周りのひも

図 9.4

問題 2

図 9.4 (b) のように，半円の周りにひもを巻く．ひもの長さは与えられており，伸び縮みはないものとせよ．ひもの左端は半円の直径の左端に固定されており，ひもの右端はその直径の延長線上にあるようにおく．このときにできる領域（図で半円の外にありひもの下側になり x 軸の上側にある領域 ＝ 黒く塗った領域）の面積が最大となるように円の半径を定めよ．

ひもの長さをLとする．円の半径をrとし，**図 9.4 (b)** のようにθを定義すれば，

$$L = r(\pi - \theta + \tan\theta).$$

黒い領域の面積は，

$$S = \frac{r^2}{2}(\tan\theta - \theta) = \frac{1}{2}(Lr - \pi r^2).$$

したがって，$r = \frac{L}{2\pi}$ ととれば最大になる．このとき，$\pi = -\theta + \tan\theta$ であり，$\theta \approx 1.3518 \approx 77.45°$ である．

9.4 マルファッティの問題

マルファッティの問題というのは歴史に名高い問題で，直観が必ずしも当てにならないことを教えてくれる[21]．マルファッティ[†]はイタリアの数学者で，1803年にこの問題を発表している[†2]．その問題とは，与えられた三角柱の大理石から3本の円柱を切り出すときに削りかすをできるだけ少なくするにはどうしたらよいか？という問題である．与えられた三角形の中に3個の円を描きそれらの円を切り取ったときに残る領域の面積を最小にするにはどうすればよいか？と言い換えることができる．マルファッティはこの問題の解を2段階に分けて“解決”した．

マルファッティは第1段として，そのような円の配置は，**図 9.5** のように互いに接し，しかも三角形の2辺とも接するような配置であることを主張した．そして，第2段として，そのような配置のときに3個の円の半径と位置を決定した．彼は第1段の部分は証明せずとも自明に正しいとし，そして第2段の部分を代数的に処理したと言われている．

この第2段の部分，つまり三角形が与えられたときに**図 9.5** のような三角形の大きさと位置を決める問題を考えたのは，マルファッティが最初ではなく，日本の安島直円[†3]が彼よりも早く考え，そして解決している．文献によっては

† Gian Francesco Malfatti, 1731–1807.

†2 G. Malfatti, Memoria sopra un problema stereotomico, *Memorie di matematica e fisica della Società Italiana delle Scienze*, **10-1**, (1803), 235–244.

†3 1732–1798.「あじま なおのぶ」と読む.

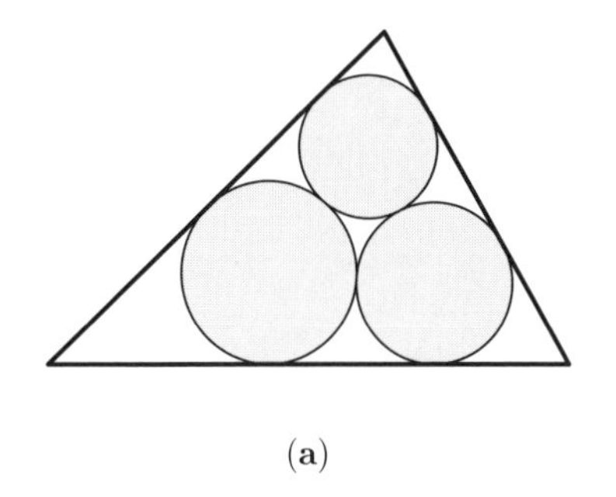

(**a**)

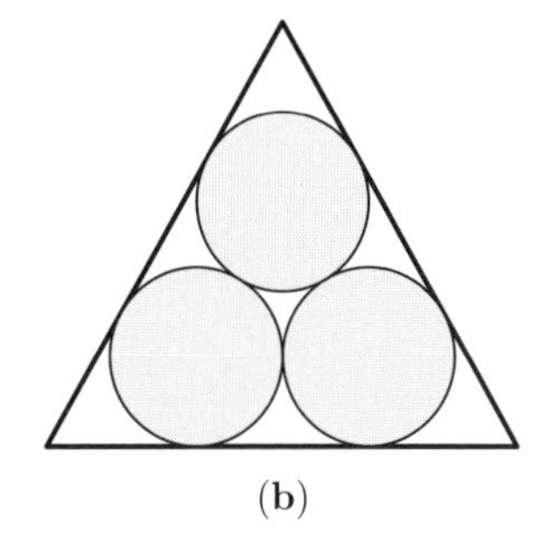

(**b**)

図 9.5

この問題もマルファッティの問題と呼んでいることがあるが，正確を期するならば，これは**安島の問題**あるいは**安島–マルファッティの問題**と呼ぶべきであろう．そしてマルファッティの問題とは上に述べたような面積の最大化の問題なのである（最大化について安島は何も考えていない）．

第 1 段については長い間誰も疑わなかったようであるが，これが必ずしも正しくないことに気づいたのはロブとリッチモンド [38] が最初ではなかろうか．彼らは，正三角形の場合に正しくないことを指摘している．ここではこれを確認しよう．1 辺の長さが 1 の正三角形の中に 3 個の円を互いに外接するように容れれば，3 円の大きさは皆等しく，半径は $\frac{\sqrt{3}-1}{4}$ となることが計算でわかる（**図 9.5 (b)** 参照）．一方，正三角形に内接円を描き，その残りの 3 隅のところの二つに円を内接させる（**図 9.6** 参照）．このように円をとる方が**図 9.5 (b)** のようにとるよりも面積が大きくなるのである．かくして，マルファッティの信ずるところには明確な反例があることになる．1 辺の長さが 1 の正三角形の内接円の半径，および**図 9.6** の小円の半径はそれぞれ

$$\frac{\sqrt{3}}{6}, \qquad \frac{\sqrt{3}}{18}$$

となる．したがって，

$$3 \times \left(\frac{\sqrt{3}-1}{4} \right)^2 < \frac{3}{36} + 2 \times \frac{3}{18^2}$$

を確認すればよい．これは，

$$\frac{140}{81} < \sqrt{3}$$

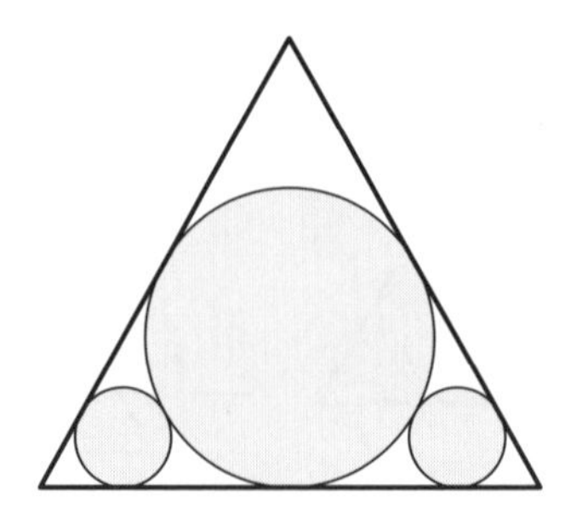

図 9.6　正三角形に内包される最大面積.

に帰着できる．左辺は約 1.7283 であり，右辺は約 1.732 であるから確かに正しい．よって，その差はごくわずかであるが，マルファッティの予想は間違っていたことがわかった.

一般の三角形でも，**図 9.5 (a)** のような配置は最大値を与えない．まず内接円を描き，残りの 3 隅から一番大きな円をくりぬき，残った場所から一番大きな円をくりぬく，というやり方で 3 個の円を作ればそれが最大である，ということがわかっている．ゴールドバーグ[25]による結果である．彼は証明の詳細を記していないが，後に，細かい証明が出版された[54]．だがこの証明はインスピレーションが湧くものではない．厳密であるが故に尊いというのは必ずしも正しくはない.

9.5　掛谷の問題

掛谷宗一 (1886–1947) は日本の数学者で，多項式の根に関する掛谷の定理で有名である．しかし，掛谷の問題を思いついたことでも著名である．**掛谷の問題**とは次のように述べることができる．「長さ 1 の線分を平面内のある領域内で動かして，両端が入れ替わるようにせよ．そのような領域で面積最小のものは何か？」

この領域を凸領域に限ってしまうと，1 辺の長さが $\frac{2}{\sqrt{3}}$ の正三角形が解である†．しかし，そのような制限を取り払ってしまえば，正三角形は最小ではない．デルトイドの方が小さい．**デルトイド** (deltoid) とは**ハイポサイクロイド**

† この事実に関する日本語の証明を見つけることはできなかった．文献[45]に証明はある.

の一種である．ハイポサイクロイドは大きな円（半径を R とする）の内側に小さな円（半径 r）を接触させ，サイクロイドを定義したときのように滑らずに転がしてゆく．このとき小円の周上に固定された点の軌跡がハイポサイクロイドである．サイクロイドを定義したときの水平線を大きな円に置き換えたものと思えばよい．そのパラメータ表示は

$$x = (R-r)\cos\theta + r\cos\frac{(R-r)\theta}{r}, \qquad y = (R-r)\sin\theta - r\sin\frac{(R-r)\theta}{r}.$$

ここで $r = \frac{R}{3}$ の場合がデルトイドである．**図 9.7** (**a**) に描かれた三つの凹曲線からなる曲線がデルトイドである．

デルトイドには次のような面白い性質が知られている．すなわち，任意の 1 点でデルトイドに接線を引くとき，それが残りの 2 辺で切り取られる切片の長さは

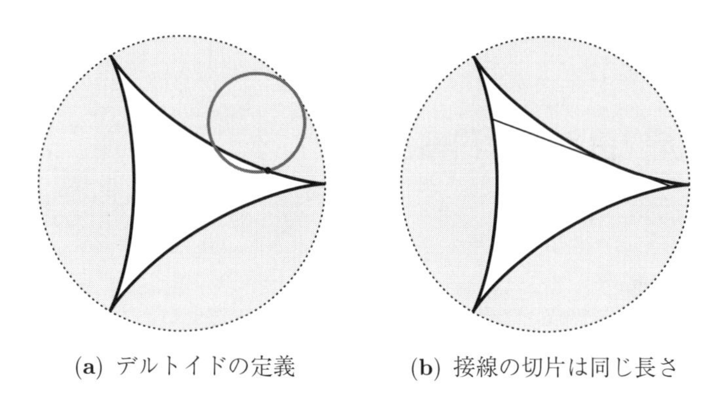

(**a**) デルトイドの定義　　(**b**) 接線の切片は同じ長さ

(**c**) 掛谷の問題への応用

図 9.7　デルトイド．

元の点の取り方によらず一定である（**図 9.7 (b)**）．この性質を認めると，**図 9.7 (c)** のように，AB を A′B′ に，次に A″B″ に移し，BA に移すことができる．

多くの人々はデルトイドが最小を与えると思っていたらしい．しかし，この予想は正しくなかった．いくらでも面積の小さな領域で，上のような移動が可能になるものが存在することをベシコヴィッチが証明したのである．彼の解がどのようなものかは，本人の解説[6]を読めばわかるので，本書では紹介しない．重要なことは，一見正しそうに思えることでも実は正しくないことがあることである．マルファッティの問題や掛谷の問題はその典型であるので，ここで問題を紹介した次第である．

掛谷の問題のことの起こりは新井仁之氏の解説[57]に記されているので，お読みいただければ参考になろう．また，オギルビー[43]にも，マルファッティの問題および掛谷の問題に対する優れた解説があり，他の問題群も面白いので一読の価値がある．

9.6 近代日本の教科書から

以下の問題 1〜3 は岩田[59]からとったものであるが，元々は算額の問題であるという．

問題 1

正方形 ABCD の底辺 BC 上に点 P をとる．P を通り AP に垂直な直線が CD と交わる点を Q とする（**図 9.8 (a)**）．△PCQ の面積の最大値を求めよ．

正方形の 1 辺の長さは 1 とする．$\mathrm{BP} = x$ とおくと，$\mathrm{CQ} : (1-x) = x : 1$．したがって面積は $\frac{x(1-x)^2}{2}$．あとは微分するだけである．その最大値は，$x = \frac{1}{3}$ のときに達成され，$\frac{2}{27}$ である．

問題 2

正方形 ABCD の底辺 BC 上に点 P をとる．P を通り AP に垂直な直線が対角線 AC と交わる点を R とする（**図 9.8 (a)**）．このとき，△PCR の面積を最大にするには P をどうとればよいか？

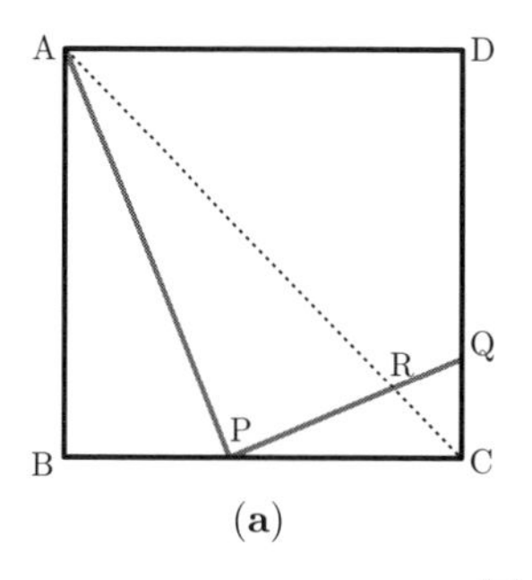

(a)

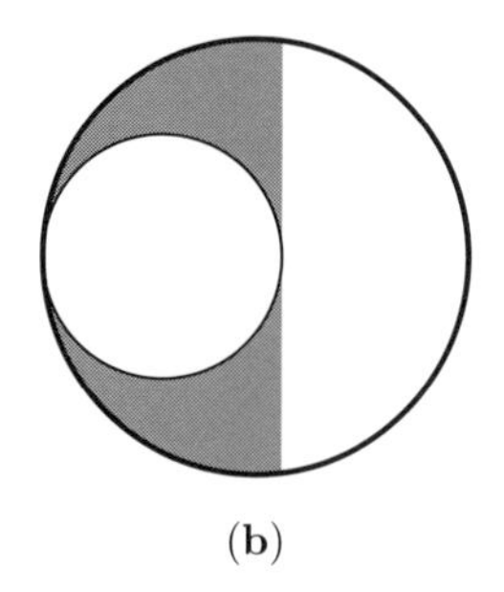
(b)

図 9.8

正方形の 1 辺の長さは 1 とする．BP $= x$ とおき，R と BC の距離を y とおくと，$1 : x = (1 - x - y) : y$ である．これから面積が

$$\frac{x(1-x)^2}{2(1+x)}$$

であることがわかる．微分すると，$2x^2 + 3x - 1 = 0$ を得る．したがって $x = \frac{\sqrt{17}-3}{4}$ のときに最大値が達成され，最大値は

$$\frac{71 - 17\sqrt{17}}{16} \approx 0.0560027$$

となる．

問題 3

円 $x^2 + y^2 = 1$ の内部にあり，円 $[x - (-1 + r)]^2 + y^2 = r^2$ の外部にあり，直線 $x = -1 + 2r$ の左にある領域（**図 9.8 (b)**）の面積を最大にするには r をどうとればよいか？

面積は

$$S(r) = 2\int_{-1}^{2r-1} \sqrt{1 - x^2}\, dx - \pi r^2.$$

したがって，$4\sqrt{1-(2r-1)^2} - 2\pi r = 0$ なる r を求めればよい．

$$r = \frac{16}{16 + \pi^2} \approx 0.6184$$

となる．

林鶴一[73]にも面白い問題がある．

林鶴一の問題（その1）

与えられた円（その中心をOとする）の外側の定点Pから円に交わる直線を描き，二つの交点から直線OPに垂線を下ろす．二つの垂線の長さの差を最大にせよ．

円の半径を r とし，OPの長さを a とする．円の中心を原点とし，点Pを正の x 軸上にとり，直線を $y=(x-a)\tan\theta$ と表す．円との交点を (x_1, y_1), (x_2, y_2) とすれば，y_1 と y_2 は，y に関する2次方程式 $(a+y\cot\theta)^2+y^2=r^2$ の根である．根と係数の関係から

$$y_1+y_2=\frac{-2a\cot\theta}{1+\cot^2\theta}, \qquad y_1y_2=\frac{a^2-r^2}{1+\cot^2\theta}$$

を得る．問題は $|y_1-y_2|$ を最大化することである．$(y_1-y_2)^2=4\sin^2\theta(r^2-a^2\sin^2\theta)$ となるので，$\theta=\pm\arcsin\frac{r}{\sqrt{2}\,a}$ とすればよい．点Pは円の外側にあるから，$r<a$ であることに注意せよ．したがって，このような θ はとれる．

林鶴一の問題（その2）

平面の2点 $\mathrm{A}=(a,0)$ と $\mathrm{B}=(0,b)$ が与えられている．ただし，a も b も正数であるとする．Aで x 軸に接し，第1象限（軸を含めるものとする）に含まれる円と，Bで y 軸に接し第1象限内にある円が互いに外接するとき（**図9.9** 参照），2円の中心間距離の最小値は？

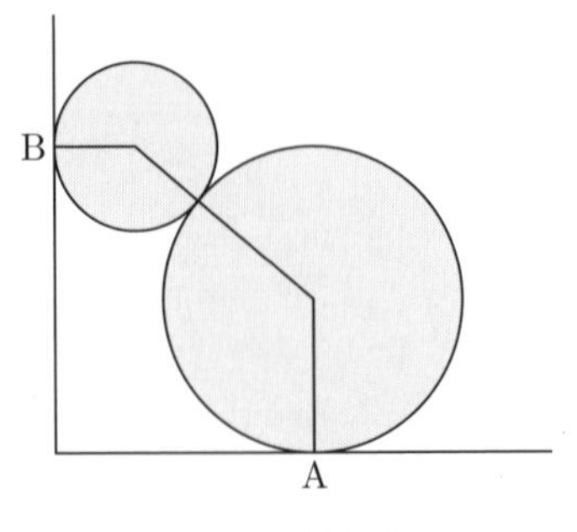

図9.9

円の半径を r, R とすれば，円が接する条件から $(a-R)^2+(b-r)^2=(R+r)^2$．この条件のもとで，$R+r$ を最小にすればよい．つまり，R の関数

$$R-a+\frac{(a+b)^2}{2(R+b)}$$

を最小化すればよい．ただし，$0<r<a, 0<R<b$ の範囲でのみ意味があることを忘れてはならない．$(2\sqrt{2}-1)a>b>\frac{a}{2\sqrt{2}-1}$ のとき，

$$R=\frac{a-(\sqrt{2}-1)b}{\sqrt{2}}, \qquad r=\frac{-(\sqrt{2}-1)a+b}{\sqrt{2}}$$

のときに最小となる．$(2\sqrt{2}-1)a>b>\frac{a}{2\sqrt{2}-1}$ が満たされないときは各自考察せよ．

林鶴一の問題（その 3）

$(x-1)^2+y^2=1$ の接線と x 軸の正の部分との交点を A とし，y 軸の正の部分との交点を B とする．線分 AB の長さの最小値を求めよ．また，原点と A, B でできる三角形の面積の最小値を求めよ（この問題は岩田[59]にも採録されている）．

接点の座標を $(1+\cos\alpha, \sin\alpha)$ とする．ただし，$0<\alpha<\frac{\pi}{2}$．

$$\mathrm{A}=\left(1+\frac{1}{\cos\alpha}, 0\right), \qquad \mathrm{B}=\left(0, \frac{1+\cos\alpha}{\sin\alpha}\right)$$

と計算できるから，

$$\frac{1+\cos\alpha}{\sin\alpha\cos\alpha}$$

を $0<\alpha<\frac{\pi}{2}$ で最小にすればよい．$x=\tan\frac{\alpha}{2}$ とおいてこの式を変形すれば，

$$\frac{2x}{1-x^2}+\frac{1}{x}$$

となる．これを $0<x<1$ で最小にすればよい．$x^2=\sqrt{5}-2$ のときである．最小値は

$$\frac{7+3\sqrt{5}}{2}\sqrt{\sqrt{5}-2}\approx 3.33019$$

この答もきれいな分数ではないが，$\frac{10}{3}$ に極めて近いのは偶然ではないかもしれ

ない．

面積の場合は

$$\frac{1}{2}\frac{(1+\cos\alpha)^2}{\sin\alpha\cos\alpha}=\frac{1}{x(1-x^2)}$$

を最小化すればよい．つまり，$x(1-x^2)$ を最大化することになる．$x=\frac{1}{\sqrt{3}}$ を得るから，$\alpha=60^\circ$ のときに最小となる．

9.7 そ の 他

簡単そうに見えて意外な困難が盲点となっている問題がある．それは三角形の中に納まる長方形で面積最大となるものを求めよという問題である．答は，**図 9.10 (a)** のように長方形の 1 辺が三角形の 1 辺の上にある場合を考えればよい．この条件の下で，最大となるのは図の点 D, E がそれぞれ AB, AC の中点になるときである．これは簡単にわかるので読者自ら証明を試みて欲しい．したがって，長方形の面積の最大値は，与えられた三角形の面積の半分であるという命題が成り立つと主張したいところであるが，長方形の辺が必ずしも三角形の辺に平行でない場合はどうかというと，これはそれほど簡単ではない．実際には，**図 9.10 (b)** のような場合にはそれよりも面積の大きな長方形が存在することが証明できるので，最大にはなり得ない．したがって，**図 9.10 (a)** の場合のみ考えればよいから，最大値は半分ということで片はつく．しかし，**図 9.10 (b)** が最大値を与えないことの証明は決して自明ではないし，短くもない．証明はメルザック [40] にあるので，興味のある方はお読みいただければ幸いである．

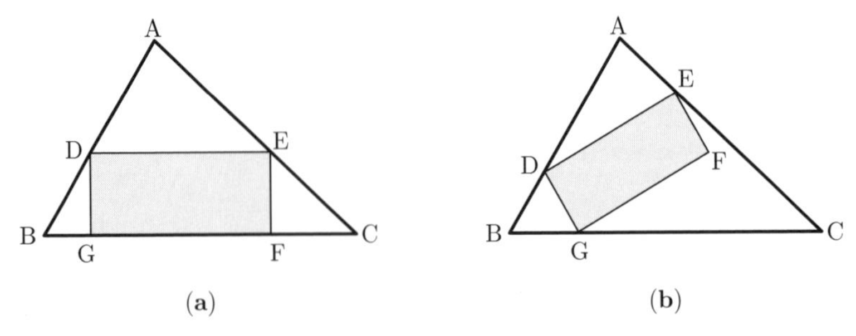

図 9.10 三角形 ABC に長方形を容れる．

最大最小の問題には難しい計算を要する問題がたくさんある．幾何学的あるいは物理学的な意味のはっきりした問題で著名なものがデリー[21]にいくつも並んでいる．こういった問題に挑戦すれば計算スキルの向上につながるのは間違いないと信ずる．こうした問題は難しいから，できない学生も多いと思う．だが，問題を解けなかったからと言って，がっかりすることはない．難しい問題に悪戦苦闘したという事実だけで頭脳は十分に活性化される．学生諸君には，易しい問題だけを選んで解いて，それで満足しないで難しい問題にも挑戦して欲しい．

演 習 問 題

9.1 次の問題は 1975 年の東京大学の入試問題のひとつである．三角形 ABC において $BC = 32$, $CA = 36$, $AB = 25$ とする．この三角形の 2 辺の上に両端を持つ線分 PQ によってこの三角形の面積を 2 等分する．そのような PQ の長さが最短になる場合の P と Q の位置を求めよ．

9.2 **図 9.11 (a)** のように，放物線と x 軸で囲まれた領域を考える．放物線の y 切片を b とし，x 切片を $\pm a$ とする．この領域内に納まる円で最大のものを求めよ．

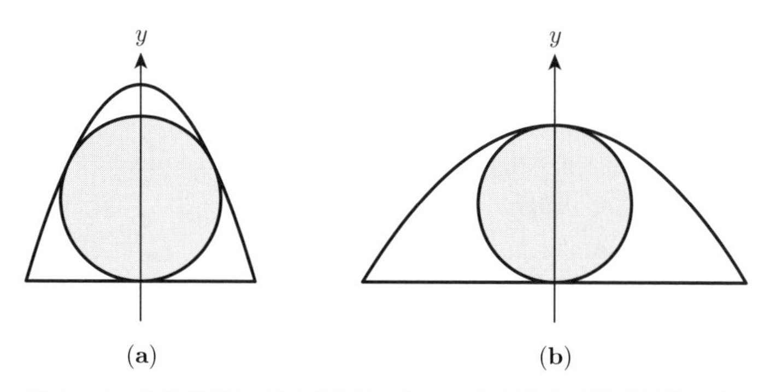

図 9.11 放物線内に円を容れる．$b < a$ かどうかで結果は異なる．

9.3 斜辺の長さが与えられている直角三角形のうち面積最大のものは何か？

9.4 **図 9.2 (b)** において線分 BC の長さは一定であるとするとき，三角形 ABC の面積を最大にするにはどうすればよいか？

9.5 与えられた円に内接し，なおかつ与えられた周長を持つ三角形のうち，面積最大のものは何か？

9.6 双曲線 $xy=1$ の上の点 $(\xi, \frac{1}{\xi})$（ただし $0<\xi$ とする）で接線を引き，x 軸および y 軸との交点をそれぞれ A, B とする．A, B と原点でできる三角形の面積は一定であることを証明せよ．次に，直線 $x=-1$ と $y=-\frac{1}{4}$ と接線でできる三角形の面積の最小値を求めよ．

9.7 原点 O を発する 2 本の半直線を考え，原点中心半径 a の円を描く．この円周の上の点で円に接線を引き，それと元の 2 本の半直線との交点をそれぞれ A, B とする．三角形 OAB の面積の最小値を求めよ．

9.8 放物線 $y=x^2$ と直線 $y=x$ で囲まれた領域（**図 9.12**）の内部に納まる円の中で半径最大のものを計算せよ．

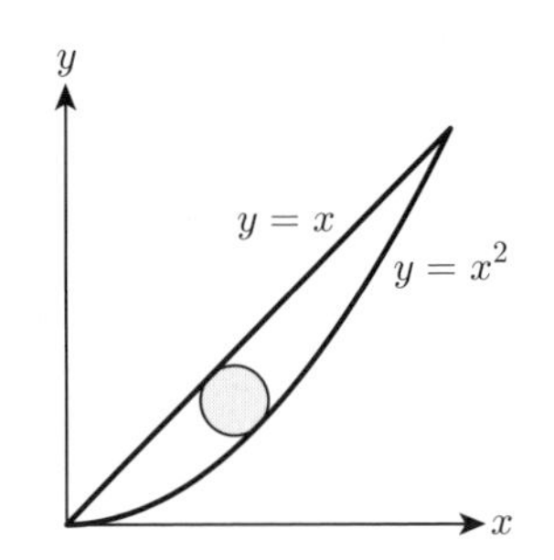

図 9.12　放物線と直線で囲まれた領域に円を容れる．

9.9 楕円 $\frac{x^2}{a^2}+\frac{y^2}{b^2}=1$ の外側かつ長方形 $0 \le x \le a,\ 0 \le y \le b$ の内側となる領域に納まる長方形で面積最大のものを求めよ．

9.10 (9.2) を確認せよ．

付　　　　録

A.1 算術平均と幾何平均

ここでは**算術平均**がいつも**幾何平均**以上であることを証明する．この不等式だけを使って多項式の極値を求めることができる[8]．あるいはニーヴン[42]のように，微分なしで様々な最大最小を証明できる．また，スティール[50]には実に様々な応用があげられていて，読んで楽しい教科書である．以下に述べるものはコーシーによるもので，様々な証明法の中で最も古いものでもある．

定理 A.1　$a_1, a_2, \cdots, a_n$ を n 個の任意の正数とする．このとき

$$(a_1 a_2 \cdots a_n)^{1/n} \leq \frac{a_1 + a_2 + \cdots + a_n}{n}. \tag{A.1}$$

【証明】　第 1 章で示したように，正の数 a, b に対して

$$\sqrt{ab} \leq \frac{a+b}{2}$$

は既知である．この不等式を 2 回適用すると，四つの正数 a, b, c, d に対して

$$(abcd)^{1/4} = \sqrt{\sqrt{ab}\,\sqrt{cd}} \leq \frac{\sqrt{ab} + \sqrt{cd}}{2} \leq \frac{\frac{a+b}{2} + \frac{c+d}{2}}{2} = \frac{a+b+c+d}{4}.$$

これで $n = 4$ の場合が証明できた．全く同様にして $n = 8$, $n = 16$ といった具合に，n が 2 のべきであるときに証明できる．

一般の場合には次のようにする．2 のべきでない自然数 n が与えられたとき，$2^k < n < 2^{k+1}$ となる自然数 k を選ぶ．このような k はひとつに定まるので，これを用いて $m = 2^{k+1} - n$ とおく．与えられた $a_1, a_2, \cdots, a_n$ に加えて，全く任意に $b_1, b_2, \cdots, b_m$ を選んで，$a_1, \cdots, a_n, b_1, \cdots, b_m$ を考える．これに 2^{k+1} の場合の不等式を適用する．見やすくするために $N = 2^{k+1}$ とおくと，

$$a_1 a_2 \cdots a_n b_1 \cdots b_m \leq \left(\frac{a_1 + a_2 + \cdots + a_n + b_1 + \cdots + b_m}{N} \right)^N.$$

$b_1, \cdots, b_m$ は任意であったから，$b_1 = b_2 = \cdots = b_m = A$ とおく．ここで，$A = \frac{a_1 + a_2 + \cdots + a_n}{n}$ である．

$$a_1 a_2 \cdots a_n A^m \leq \left(\frac{(n+m)A}{N} \right)^N = A^N.$$

両辺を A^m で割ると，(A.1) を得る．　□

A.2 アポロニウスの問題への補足

多項式 (1.5) が重根を持つ条件として (1.6) を導くのは楽ではない．ここでは見方を変えて (1.6) を導くことにする．重根を持つということは二つの法線がパラメータを変えていったときにひとつに縮重することである．そこで楕円の上の二つの点 (x_0, y_0) と (x_1, y_1) において法線を考える．その交点は直ちにわかるように，

$$\left(\frac{(a^2-b^2)x_0x_1(y_0-y_1)}{a^2(y_0x_1-y_1x_0)}, \frac{(a^2-b^2)y_0y_1(x_0-x_1)}{b^2(y_0x_1-y_1x_0)}\right)$$

である．これは，$x_1 \to x_0$ のときに

$$\left(\frac{(a^2-b^2)x_0^3}{a^4}, \frac{(a^2-b^2)y_0^3}{-b^4}\right)$$

に収束する．これらは

$$(a^2x^2)^{1/3} + (b^2y^2)^{1/3} = (a^2-b^2)^{2/3}$$

の上に乗っている．

双曲線についても同様の解析が可能である．$xy = 1$ の場合に計算してみよう．その上の二つの点 (x_0, y_0) と (x_1, y_1) において法線を考え，その交点を計算すれば，

$$\left(\frac{x_0x_1(x_0^2+x_0x_1+x_1^2)+1}{x_0x_1(x_0+x_1)}, \frac{x_0^3x_1^3+x_0^2+x_0x_1+x_1^2}{x_0x_1(x_0+x_1)}\right)$$

となる．$x_1 \to x_0$ とすれば，

$$\left(\frac{3x_0^4+1}{2x_0^3}, \frac{x_0^4+3}{2x_0}\right).$$

x_0 でパラメータ表示されるこの曲線を境にして法線の個数は，$2 \to 3 \to 4$ と変化する．**図 A.1** の灰色の領域（無限に広がるラッパのような形である）では 4 本引くことができる．

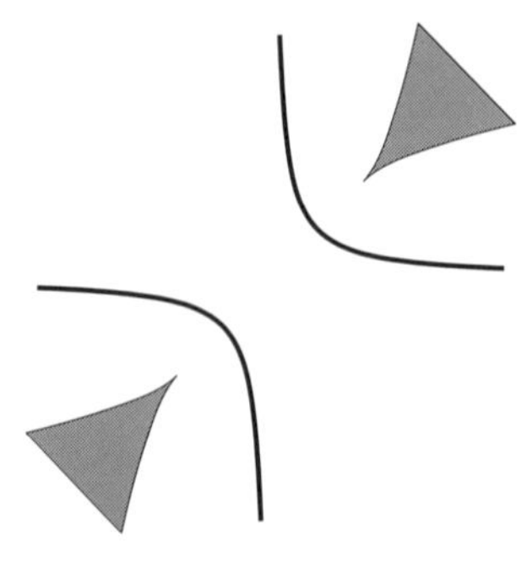

図 A.1　無限に広がるラッパ．

A.3 ニュートン法

最大最小問題は何らかの方程式の根を求めることに帰着される．多くの場合，根を式で書き下すことはできないので，数値的に求めなくてはならない．現在では様々な数値計算パッケージが使えるので，数値計算は昔に比べて簡単な作業になっている．それでも**ニュートン法**のアルゴリズムを知っていれば簡単にコンピュータのプログラムを書くことができるので，基本的なアイデアは知っていた方がよい．

ニュートン法は方程式の根を近似計算するときに，便利かつ精度が高いことが知られている[77]．$f(x)=0$ の根を計算するとき，まずその大雑把な近似値 x_0 を見つけてくる．たとえば，グラフを描いて，大雑把な位置をつかむことによって x_0 を見つける．次に，$n=0,1,\cdots$ に対して

$$x_{n+1} = x_n - \frac{f(x_n)}{f'(x_n)}$$

によって数列 x_n を定義する．このとき，x_n は，真の根に急速に収束することが知られている．

以上のアイデアは連立方程式にも適用できる．詳しくは森[77]を参照せよ．

問題の解答

第1章

1.1　$0 \leq a \leq 2$ ならば1本．$2 < a$ ならば3本．

1.2　$a = b$ ならば $\theta = \frac{\alpha}{2}$ が解となる．$b = r$ ならば $\theta = \alpha$ が解となる．

1.3　$b\sqrt{a^2 - r^2} > ra$ が必要十分である（幾何学的に考えよ）．

1.4　$A > 0$ とし，$y = Ax$ に沿って光線が進むと点 (A, A^2) に達する．そこで光線は反射される．そこにおける法線は

$$y = -\frac{x}{2A} + \frac{1}{2} + A^2.$$

したがって，反射光は，傾き $3A + 4A^3$ の直線で進む．したがって左には向かない．

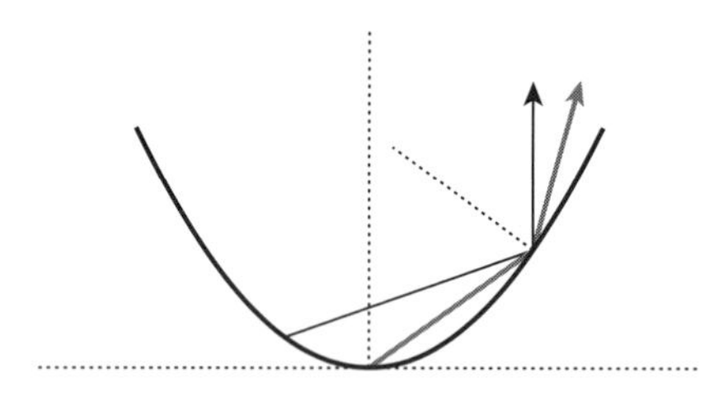

図　放物線内の光の反射．

あるいはゼノドロスが発見した定理を使うと明瞭になる．それは，軸に平行な光線は反射の後で焦点を通るという定理である．あるいは同じことであるが，焦点を出発する光線は反射の後で軸に平行となるという定理である．これを認めれば軸よりも左に傾いた光線は焦点よりも上側を通ることになり，放物線の右側の点から出発した光線は決して軸よりも左に行くことはないと結論できる．

1.5　$X = \sin\theta$ とおくと，$\cos\theta = \sqrt{1 - X^2}$．これを使って計算すればよい．

1.6　辺 AB, BC, CD, DA の長さを a, b, c, d とする．このとき，

$$\triangle\mathrm{ABD} = \frac{1}{2}\,ad\sin\angle\mathrm{A}, \qquad \triangle\mathrm{CBD} = \frac{1}{2}\,bc\sin\angle\mathrm{C}.$$

ゆえに，

$$ad\sin\angle\mathrm{A} + bc\sin\angle\mathrm{C} = 2S. \qquad ①$$

一方，余弦定理によってBDの長さを計算すると，$a^2+d^2-2ad\cos\angle\mathrm{A}=b^2+c^2-2bc\cos\angle\mathrm{C}$．これを次のように書き直す：

$$ad\cos\angle\mathrm{A}-bc\cos\angle\mathrm{C}=\frac{a^2+d^2-b^2-c^2}{2}. \qquad ②$$

①と②を辺々2乗して加えると，

$$a^2d^2+b^2c^2-2abcd\cos 2\alpha=4S^2+\frac{(a^2+d^2-b^2-c^2)^2}{4}.$$

左辺に $\cos 2\alpha=2\cos^2\alpha-1$ を代入して少し計算すると答を得る．

1.7　3辺の長さを a, b, c とし，$2\sigma=a+b+c$ とおけば面積は

$$\sqrt{\sigma(\sigma-a)(\sigma-b)(\sigma-c)}$$

である．c は与えられ，$a+b$ も与えられているから，σ と c は定数である．したがって，$(\sigma-a)(\sigma-b)=\sigma^2-\sigma(a+b)+ab$ を最大にすればよい．つまり，$a+b$ が一定のもとで，ab を最大にすればよい．これは $a=b$ のときである．

第2章

2.1　**図2.4 (b)** において $\alpha=\angle\mathrm{AOP}$ とおく．ちょうど垂直に見える点とOとの距離を y とすれば，$y=\frac{a+b}{2\cos\alpha}$ である．

$$y\geq\frac{a+b}{2}>\sqrt{ab}=x.$$

2.2　Oを原点とし，$\angle\mathrm{AOP}=\alpha$ とおく．x の関数

$$\tan^{-1}\frac{a\sin\alpha}{x-a\cos\alpha}-\tan^{-1}\frac{b\sin\alpha}{x-b\cos\alpha}$$

を最大化すればよい．微分すると，$x=\sqrt{ab}$ を得る．

2.3　$R^2+ab-R(a+b)=(a-R)(b-R)>0$ であるから $0<\frac{R(a+b)}{R^2+ab}<1$．

2.4　PがSの真上に来るときである．実際，$0<\theta<\pi$ をとって $\mathrm{P}=(\cos\theta,\sin\theta)$ とすると，

$$\mathrm{Q}=\left(1,\frac{1-\cos\theta}{\sin\theta}\right),\qquad \mathrm{R}=\left(-1,\frac{1+\cos\theta}{\sin\theta}\right).$$

ゆえに角度 $\angle\mathrm{QSR}$ は

$$\begin{aligned}&\pi-\tan^{-1}\frac{1-\cos\theta}{(1-a)\sin\theta}-\tan^{-1}\frac{1+\cos\theta}{(1+a)\sin\theta}\\&=\pi-\tan^{-1}\frac{\tan\frac{\theta}{2}}{1-a}-\tan^{-1}\frac{\cot\frac{\theta}{2}}{1+a}\end{aligned}$$

である．微分して整理すると，$\cos\theta = a$ を得る．あるいは，ベクトルの内積の定義によって，

$$\cos\varphi = \frac{a^2 - 1 + \frac{1-\cos^2\theta}{\sin^2\theta}}{\sqrt{(1-a)^2 + \left(\frac{1-\cos\theta}{\sin\theta}\right)^2}\sqrt{(1+a)^2 + \left(\frac{1+\cos\theta}{\sin\theta}\right)^2}}$$
$$= \frac{a^2}{\sqrt{(1-a^2)^2 + 1 + (1+a)^2\tan^2\frac{\theta}{2} + (1-a)^2\cot^2\frac{\theta}{2}}}.$$

したがって，

$$(1+a)^2\tan^2\frac{\theta}{2} = (1-a)^2\cot^2\frac{\theta}{2}$$

のときに，分母は最小となる．この式を整理して $\cos\theta = a$ を得る．

2.5 池の周 $(\cos\theta, \sin\theta)$ から見ると，視角は

$$2\arcsin\frac{r}{\sqrt{a^2 + 1 - 2a\cos\theta}}$$

である．したがって，$\cos\theta = 1$ のときに最大となる．

第3章

3.1 横長の楕円ならば，点 C を負の y 軸上の短軸の端にとるのが一番早い．縦長ならば，最小値は存在しない．

3.2 **図 3.4** のように θ を導入し，円の半径を 1 とする．点 P の座標を $(0, a)$ とし，点 C の座標を $(\sqrt{1-y_0^2}, y_0)$ とする．$a < y_0 < 1$ である．CP を滑って落ちるのに要する時間を t とすれば，

$$\tan\theta = \frac{y_0 - a}{\sqrt{1-y_0^2}}, \qquad \frac{g\sin\theta}{2}t^2 = \mathrm{CP} = \frac{\sqrt{1-y_0^2}}{\cos\theta}$$

を得る．これから

$$t^2 = \frac{2}{g}\left(-a + \frac{\sqrt{1-a^2\cos^2\theta}}{\sin\theta}\right).$$

あとは容易であろう．

3.3 放物線を $y = \sqrt{x}$ とすれば焦点は $(\frac{1}{4}, 0)$ である．以下，$\sigma = \frac{1}{4}$ とおく．放物線上の点 $(\xi, \sqrt{\xi})$ をとる．明らかに，$0 < \xi < \sigma$ としてよい．この点と焦点 $(\sigma, 0)$ を結ぶ線分の傾きは $\tan\theta = \frac{\sqrt{\xi}}{\sigma-\xi}$ で決まる．これから $\sin^2\theta = \frac{\xi}{(\sigma-\xi)^2+\xi}$ がわかる．滑り落ちるのに必要な時間 t は，

$$\frac{1}{2}gt^2\sin\theta = \sqrt{(\xi-\sigma)^2+\xi} := L$$

であるから，結局，

$$\frac{[\xi+(\sigma-\xi)^2]^2}{\xi}$$

を最小にすればよい．$\xi = \frac{\sigma}{3} = \frac{1}{12}$ となり答は $\left(\frac{1}{12}, \sqrt{\frac{1}{12}}\right)$ である．

3.4 水平面に到達するのに要する時間は $\sqrt{\frac{2h}{g}}$ である．そこから a まで戻るのに要する時間は

$$\frac{\sqrt{2h}-\sqrt{2h-2a}}{\sqrt{g}}$$

である．したがって，

$$2\sqrt{2h}-\sqrt{2h-2a}$$

を最小にする h を求めればよい．$h = \frac{4a}{3}$ のときである．

3.5 初速を v とし，放射の角度を x 軸（水平軸）から測って θ とすれば放射物体の軌道は

$$\left(vt\cos\theta, vt\sin\theta - \frac{g}{2}t^2\right)$$

である．この軌道と $y=-x\tan\alpha$ との交点を与える t を求めると，

$$t = \frac{2v\sin(\theta+\alpha)}{g\cos\alpha}.$$

これから，交点の x 座標は，

$$\frac{2v^2}{g\cos\alpha}\sin(\alpha+\theta)\cos\theta$$

となる．距離 d はこれに比例するからこれを最大にすればよい．つまり，

$$\sin(\alpha+\theta)\cos\theta = \frac{1}{2}\left[\sin(2\theta+\alpha)+\sin\alpha\right] \qquad \left(-\alpha<\theta<\frac{\pi}{2}\right)$$

を最大にすればよい．ゆえに，

$$\frac{\pi}{4}-\frac{\alpha}{2}$$

が答である．$\alpha=0$ のときには $\frac{\pi}{4}=45^\circ$ になっていることに注意せよ．

3.6 円の中心を O とすると，OD と BC は平行である．OD $=$ OB であるから，二等辺三角形 OBD の底角として，$\angle$OBD $=$ $\angle$ODB．一方，平行線の錯角として $\angle$ODB $=$ $\angle$DBC．これから命題が従う．

第4章

4.1 三つの量 $2x^2$, $1-x^2$, $1-x^2$ の平均を考えると,

$$\frac{2}{3} = \frac{2x^2+(1-x^2)+(1-x^2)}{3} \geq \sqrt[3]{2x^2(1-x^2)^2}.$$

等号は, $2x^2 = 1-x^2 = 1-x^2$ のときである.

4.2 切り取る正方形の 1 辺の長さを h とする. $h(a-2h)(b-2h)$ を最大にすればよい. $h = \frac{1}{6}(a+b-\sqrt{a^2-ab+b^2})$ で最大となる.

4.3 円柱の方が大きい. 実際, 立方体は $V = a^3$, $S = 6a^2$ で, 円柱は $V' = 2\pi r^3$, $S' = 6\pi r^2$ である. もし $S = S'$ ならば $a^2 = \pi r^2$ であり, $V = (\sqrt{\pi}\, r)^3 < 2\pi r^3 = V'$.

4.4 底円の半径を r とし, 円錐の母線の長さを R とすれば, 表面積 S と体積 V はそれぞれ,

$$S = \pi(r^2+rR), \qquad V = \frac{1}{3}\pi r^2\sqrt{R^2-r^2}$$

で与えられる. R を消去すると,

$$V^2 = \frac{\pi^2}{9}r^2\left[\left(\frac{S}{\pi}\right)^2 - \frac{S}{\pi}\cdot 2r^2\right].$$

これは $r^2 = \frac{S}{4\pi}$ のときに最大となる. したがって, 母線の長さが底円の半径の 3 倍になるときである. あるいは, 高さが底円の直径の $\sqrt{2}$ 倍になるときであると言ってもよい.

4.5 桶の底面の半径を r とし, 高さを h とすれば, 木の量 S と容積 V は

$$S = \pi r^2 + 2\pi rh, \qquad V = \pi r^2 h$$

である. 答は半径と高さが等しい $(r = h)$ ときである.

4.6 3 辺の長さを $a \leq b \leq c$ とする. a の周りに回転すると体積 V は,

$$V = \frac{4\pi}{3a}S^2.$$

ここで S は三角形の面積である. b の場合には a の代わりに b が入り, c の場合も同様である. したがって, 体積が一番大きいのは a の周りに回転するときである. $2\sigma = a+b+c$ とおくと,

$$S^2 = \sigma(\sigma-a)(\sigma-b)(\sigma-c).$$

σ と a を固定して V が最大となるように b, c を動かす. $b = c = \sigma - \frac{a}{2}$ のときに最大となることがわかる. このとき

$$S^2 = \frac{a^2}{4}\sigma(\sigma - a), \qquad V = \frac{\pi\sigma}{3}a(\sigma - a)$$

となるから，$a = \frac{\sigma}{2}$ のときに V は最大となる．したがって，答は $a : b : c = 2 : 3 : 3$ のときである．

第5章

5.1 $0 < x < 1$ で $x^3 - x^4$ を最大にすればよいから，$x = \frac{3}{4}$ ととればよい．

5.2 円柱の高さを h とし，底面の半径を ρ とする．表面積を S で表せば，

$$a^2 = \rho^2 + \left(\frac{h}{2}\right)^2, \qquad S = 2\pi\rho^2 + 2\pi\rho h$$

である．したがって，$S = 2\pi(\rho^2 + 2\rho\sqrt{a^2 - \rho^2})$ を $0 < \rho < a$ において最大化すればよい．円柱の半径が $a\sqrt{\frac{5+\sqrt{5}}{10}} \approx 0.85065a$ のときに最大となり，最大値は $\pi a^2(\sqrt{5} + 1)$ となる．

5.3 球の半径を a，円錐の底面の半径を r とし，母線の長さを R，高さを h とすれば，その表面積は $S = \pi r^2 + \pi Rr$ である．これらの変数には

$$R^2 = h^2 + r^2, \qquad (h - a)^2 + r^2 = a^2$$

という関係が成り立つ．したがって，$R = \sqrt{2ah}$ である．S を h のみの関数として表すと，

$$\frac{S}{\pi} = 2ah - h^2 + 2ah\sqrt{1 - \frac{h}{2a}}$$

となる．h で微分すると，$8h^3 - 23ah^2 + 16a^2h = 0$ を得る．この根のうち題意に合うものは $h = \frac{a(23 - \sqrt{17})}{16} \approx 1.1798a$ である．

5.4 上の問題と同じ記号で，体積は

$$\frac{\pi h^2(2a - h)}{3}.$$

したがって，$h = \frac{4a}{3}$ のときに最大値 $\frac{32\pi a^3}{81}$ をとる．

球の半径を a，外接する円錐の底面の半径を r，高さを h とすれば $(h - a) : a = \sqrt{h^2 + r^2} : r$ である．これから，$a^2h = r^2h - 2ar^2$ を得る．体積および表面積はそれぞれ，

$$\frac{2\pi a}{3}\frac{r^4}{r^2 - a^2}, \qquad \frac{2\pi r^4}{r^2 - a^2}$$

となる．したがって，$r = \sqrt{2}\,a$ のときに最小となる．

5.5 正方形の中心である．

5.6 三角形の重心である．

5.7 $x^3+y^3-3xy=0$ を x で微分する．ここで y は x の関数と見なす．すると，$3x^2+3y^2y'-3y-3xy'=0$ を得る．y 座標が最大となるところでは，$y'=0$ であるから，$y=x^2$ を得る．これと $x^3+y^3-3xy=0$ を連立して解けば，$x=2^{1/3}$，$y=2^{2/3}$ を得る．したがって，$(2^{1/3},2^{2/3})$ が答である．

5.8 $x=\frac{a+b}{2}$ で最小値 $\left(\frac{b+a}{b-a}\right)^2$ をとる．

第6章

6.1 簡単ではないが，初等的であるから省略する．

6.2 新しい変数 u を $u=\sqrt{\frac{-f}{p+f}}$ で定義すると，

$$\frac{df}{du}=\frac{-2pu}{(1+u^2)^2}$$

となる．したがって

$$\int\sqrt{\frac{-f}{p+f}}\,df=-2p\int\frac{u^2}{(1+u^2)^2}\,du.$$

一方，

$$\int\frac{u^2}{(1+u^2)^2}\,du=\frac{1}{2}\left(\arctan u-\frac{u}{1+u^2}\right).$$

あとは比較的おなじみであろうから省略する．

第7章

7.1

$$f(x,y,z)=x^\ell y^m z^n-\lambda(x^2+y^2+z^2-1)$$

とおくと，$f_x=f_y=f_z=0$ から $\frac{x^2}{\ell}=\frac{y^2}{m}=\frac{z^2}{n}$ を得る．ゆえに，

$$\frac{\ell^{\ell/2}m^{m/2}n^{n/2}}{(\ell+m+n)^{(\ell+m+n)/2}}$$

が答である．

7.2

$$f(x,y)=x^2+(y+b)^2-\lambda(b^2x^2+a^2y^2-a^2b^2).$$

これから，最大値を与える点は $(x,y)=(0,b)$ もしくは

$$x=\pm\frac{a^2\sqrt{a^2-2b^2}}{a^2-b^2},\qquad y=\frac{b^3}{a^2-b^2} \quad ①$$

であることがわかる．後者は $b\le\frac{a}{\sqrt2}$ のときのみ意味を持つ．どちらがより大きいか比べてみると，答は，$b\le\frac{a}{\sqrt2}$ のとき①であり，$b>\frac{a}{\sqrt2}$ のとき $(0,b)$ である．

7.3 接点の座標を (x_0,y_0) とすれば，三角形OABの面積およびOA + OBは次のように表される：

$$\frac{a^2b^2}{2x_0y_0},\qquad \frac{a^2}{x_0}+\frac{b^2}{y_0}$$

$x_0=a\cos\theta,\ y_0=b\sin\theta$ とおけば三角関数に帰着される．三角形の面積の最小値は ab．OA + OBの最小値は

$$\left(a^{2/3}+b^{2/3}\right)^{3/2}.$$

7.4 これはどうやっても解けるが，答は $\sqrt{2\sqrt2+2}$.

7.5 これについてはLaxの論文[36]を読むのが一番である．半円が答である．

7.6 解があったと仮定し，その解を y 軸を対称軸として折り返す．そうすると演習問題7.5に帰着される．

第8章

8.1 線分の長さを a とし，正方形の1辺の長さを s とすると，

$$(a-x-s):s=\left(a-\frac{x}{2}\right):\frac{\sqrt3\,x}{2}$$

となる．ゆえに，

$$s=\frac{\sqrt3\,x(a-x)}{2a-x+\sqrt3\,x}.$$

微分すると，

$$x=\frac{\sqrt{2\sqrt3+2}-2}{\sqrt3-1}\,a=\left(\sqrt{5+3\sqrt3}-1-\sqrt3\right)a\approx0.461a$$

で最大となる．

8.2 正方形の1辺の長さは

$$\frac{a^2x}{2x^2+2ax+a^2}=\frac{a^2}{2x+2a+a^2x^{-1}}$$

である．分母を最小にすればよいから，$x=\frac{a}{\sqrt2}$ のときに最大となる．最大値は，$\frac{a}{2\sqrt2+2}$.

8.3 灰色の領域の面積は

$$\frac{ax}{2} - \frac{x^2}{2}\tan^{-1}\frac{a}{x}$$

である．$y = \frac{a}{x}$ とおくと，

$$f(y) = \frac{1}{y} - \frac{1}{y^2}\tan^{-1} y$$

の最大値を求めればよい．微分を実行すると

$$\tan^{-1} y = \frac{(2+y^2)y}{2(1+y^2)}$$

なる y で最大となる．y の近似値は 1.5149946060 で，そのときの f の最大値はおおよそ 0.229878402863 である．

8.4 円の半径を r とすれば，円の方程式は $(x-\sqrt{2}\,r)^2+y^2=r^2$ である．$r \le \frac{1}{\sqrt{2}+1}$ のとき，面積は πr^2 である．$\frac{1}{\sqrt{2}+1} < r < \frac{1}{\sqrt{2}-1}$ のとき，

$$\int_{-r}^{1-\sqrt{2}\,r} \sqrt{r^2-x^2}\,dx = \frac{r^2}{2}\left(\pi - \arccos y + y\sqrt{1-y^2}\right)$$

である．ただし，$y = -\sqrt{2} + \frac{1}{r}$．あるいは $\arccos y = \theta$ とおくと，

$$\frac{\pi - \theta + \sin\theta\cos\theta}{2(\sqrt{2}+\cos\theta)^2} \qquad (0 < \theta < \pi).$$

$\frac{1}{\sqrt{2}-1} \le r$ のとき，面積はゼロ．最大値を与える θ は $\pi - \theta - \sqrt{2}\sin\theta = 0$ の根である．これから $\theta \approx 1.75003$ を得るので，$r \approx 0.809105$ あたりで最大になる．

8.5 どちらも菱形が正方形となる場合である．楕円を $\frac{x^2}{a^2} + \frac{y^2}{b^2} = 1$ とし，菱形の 1 点を $(a\cos\theta, b\sin\theta)$ とすれば，菱形の残りの頂点は計算できる．これから面積を $X = \cos^2\theta$ の関数として表し，最小値を求めればよい．これでも計算はできるが，次のようにやった方が簡単である．

菱形の隣り合う二つの頂点を $(p\cos\alpha, p\sin\alpha)$ および $(-q\sin\alpha, q\cos\alpha)$ とおく．これらが楕円周上にあることから p と q が次のように決まる．

$$p = \frac{ab}{\sqrt{b^2\cos^2\alpha + a^2\sin^2\alpha}}, \qquad q = \frac{ab}{\sqrt{a^2\cos^2\alpha + b^2\sin^2\alpha}}.$$

このとき，

$$\frac{1}{p^2} + \frac{1}{q^2} = \frac{1}{a^2} + \frac{1}{b^2}$$

は一定である．この条件の下で pq を最小にすれば面積最小となる．

第9章

9.1 $ab(1-\cos\angle\mathrm{C})$, $bc(1-\cos\angle\mathrm{A})$, $ca(1-\cos\angle\mathrm{B})$ の中で最短となるものを求める．余弦定理によって，$(c-a+b)(c+a-b)$, $(a-b+c)(a+b-c)$, $(b-a+c)(b+a-c)$ を比較すればよい．最初のものが一番小さい．したがって，AC 上に点 P を，BC 上に点 Q をとって，$\mathrm{CP}=\mathrm{CQ}=24$ となるようにすればよい．

9.2 $a<b$ のとき，2 カ所で放物線と接するような円となり，半径は $\frac{2ab-a^2}{2b}$ となる．$a\geq b$ のとき，放物線の頂点で接する円となり，半径は $\frac{b}{2}$.

9.3 b^2+c^2 が一定のもと bc を最大にすることに帰着する．二等辺三角形のときに最大となる．

9.4 $b^2+c^2-2bc\cos\angle\mathrm{A}$ が一定のもとで bc を最大にする．$b=c$ のときに最大である．

9.5 与えられた円の半径を r とし，三角形の 3 辺の長さを a, b, c とする．$2\sigma := a+b+c$ は与えられている．(9.1) からわかるように，$3\sqrt{3}r<2\sigma$ のときにはそのような三角形は存在しないので，$0<2\sigma\leq 3\sqrt{3}r$ と仮定する．

二等辺三角形のときに最大となる．これはラグランジュ乗数を使えば簡単に証明できる．その頂角を 2α とおけば，α は $(1+\sin\alpha)\cos\alpha=\frac{\sigma}{2r}$ から決まる．

$0<\frac{\sigma}{2r}\leq 1$ のときは一つ，$1<\frac{\sigma}{2r}<\frac{3\sqrt{3}}{4}$ のときは二つの解がある．$\frac{\sigma}{2r}=\frac{3\sqrt{3}}{4}$ のときは正三角形である．$(1+\sin\alpha)\cos\alpha$ のグラフを描くと図のようになる．

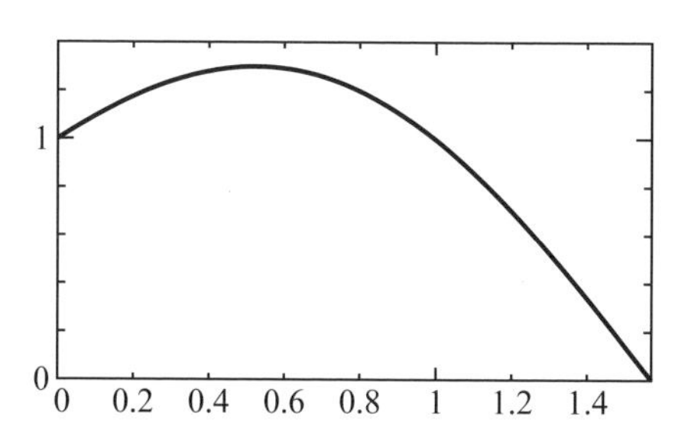

図 $(1+\sin\alpha)\cos\alpha\ \left(0\leq\alpha\leq\frac{\pi}{2}\right)$ のグラフ.

9.6 接線の方程式は

$$y=-\frac{x}{\xi^2}+\frac{2}{\xi}$$

である．したがって，$\mathrm{A}=(2\xi,0)$, $\mathrm{B}=(0,\frac{2}{\xi})$ となる．これから前半が従う．後半は

$$\left(\frac{\xi^2}{4}+2\xi+1\right)\left(\frac{1}{\xi^2}+\frac{2}{\xi}+\frac{1}{4}\right)=\left(\frac{\xi}{4}+\frac{1}{\xi}+2\right)^2$$

を最小にすればよい．これは $\xi+\frac{4}{\xi}$ を最小にすることに帰着する．したがって，$\xi=2$ のときに最小となり，最小値は $\frac{9}{2}$.

9.7 2本の半直線のなす角度を α とおく．ただし，$0<\alpha<\pi$ とする．このとき，$0<\theta<\alpha$ の関数 $\cos\theta\cos(\alpha-\theta)$ を最大にすることに帰着する．したがって，$\theta=\frac{\alpha}{2}$ のときである．これは三角形が二等辺三角形の場合に相当する．最小値は $a^2\tan\frac{\alpha}{2}$. $\alpha>\frac{\pi}{2}$ のときには関数の定義域を制限する必要があるが，本質的なことではないので省略する．

9.8 $0<\xi<1$ とする．点 (ξ,ξ^2) において法線を考えることによって，放物線に上側から接する半径 r の円を構成する．この円の中心の座標は，

$$\left(\xi-\frac{2\xi r}{\sqrt{1+4\xi^2}},\xi^2+\frac{r}{\sqrt{1+4\xi^2}}\right)$$

である．この点が $y=x$ と r の距離だけ離れているという条件から次式が従う：

$$r=\frac{(\xi-\xi^2)\sqrt{4\xi^2+1}}{2\xi+1+\sqrt{8\xi^2+2}}.$$

これを $0<\xi<1$ の関数とみて最大化すればよい．$\xi=\frac{1}{2}$ のときに最大となるから，このときの半径は $r=\frac{\sqrt{2}}{16}$.

9.9 長方形の辺が x 軸と y 軸に平行なものだけに制限して考えればそれほど難しくはない．

$$(a-a\cos\theta)(b-b\sin\theta)$$

を最大化すればよい．$\theta=\frac{\pi}{4}$ のときに最大となる．問題は，斜めの長方形が最大値を与えないということの証明である．

9.10 (9.2) を与えずにこれを計算するのは大変である．だが，この結論が出るという信念を持って計算すれば道は必ず開けてくる．

参 考 文 献

[1] St. Andrews 大学の数学史のウェブサイト.
`http://www-history.mcs.st-and.ac.uk/`

[2] オイラーアーカイブ `http://eulerarchive.maa.org/`

[3] Dictionary of Scientific Biography (New York, Scribner), これは C. C. Gillispie 編集で 1970 年から出版され始めた科学者の伝記的データの集成である. 数学者のみならず, 物理学者や化学者も載っており, たいていの数学者はこの中に納められている.

外国語文献

[4] T. Andreescu and Z. Feng, 103 Trigonometry Problems from the Training of the USA IMO Team, *Birkhäuser*, (2005).

[5] T. Andreescu, O. Mushkarov and L. Stoyanov, Geometric Problems on Maxima and Minima, *Birkhäuser*, (2006).

[6] A. S. Besicovitch, The Kakeya Problem, *Amer. Math. Month.*, **70**, (1963), 697–706.

[7] G. A. Bliss, Lectures on the calculus of variations, *Univ. Chicago Press*, (1961).

[8] R. P. Boas and M. S. Klamkin, Extrema of polynomials, *Math. Mag.*, **50**, (1977), 75–78.

[9] O. Bolza, Lectures on the Calculus of Variations, 3rd ed., *Chelsea*, (1973).

[10] C. B. Boyer, The History of the Calculus and its Conceptual Development, Hafner, (1949); *Dover*, (1959).

[11] C. B. Boyer and U. C. Merzbach, A History of Mathematics, 2nd Ed., *John Wiley & Sons*, (1991).

[12] G. Buttazzo and B. Kawohl, On Newton's problem of minimal resistance, *Math. Intellig.*, **15**, No. 4, (1993), 7–12.

[13] I. Bulmer-Thomas, J. E. Murdoch, Euclid, Biography in *Dictionary of Scientific Biography*, (New York, 1970–1990).

[14] C. Caratheódory, Calculus of Variationsand Partial Differential Equations of the First Order, Transl. by R. B. Dean, *Chelsea*, (1982).

[15] M. Casper, Kepler, *Dover*, (1993).

[16] R. Courant and D. Hilbert, Methods of Mathematical Physics, volume 1 & 2, *Wiley*, (2008). ドイツ語からの部分的な和訳が次の本である．数理物理学の方法（上），藤田 宏，高見頴郎，石村直之（翻訳），丸善出版，(2013).

[17] R. Courant and H. Robbins, What is Mathematics?, 2nd Ed., *Oxford Univ. Press*, (1996).

[18] K. Fan, O. Taussky and J. Todd, An algebraic proof of the isoperimetric inequality for polygons, *J. Washin. Acad. Sci.*, **45**, (1955), 339–342.

[19] H. S. M. Coxeter and S. L. Greitzer, Geometry Revisited, *Math. Asso. Amer.*, (1967).

[20] A. D. D. Craik, Mr. Hopkins' Men, Cambridge Reform and British Mathematics in the 19th Century, *Springer*, (2007).

[21] H. Dörrie, 100 Great Problems of Elementary Mathematic, *Dover*, (1965).

[22] C. H. Edwards, Jr., The Historical Development of the Calculus, *Springer*, (1979).

[23] P. de Fermat, Méthode pour la Recherche du maximum et mimimum, Œuvre de Fermat, Tome 3, ed. P. Tannery, (1895), 121–147.

[24] Galileo Galilei, Dialogues Concerning Two New Sciences, *Dover*, (1954).

[25] M. Goldberg, On the original Malfatti problemn, *Math. Mag.* **40**, (1967), 241–247.

[26] H. H. Goldstine, A History of the Calculus of Variations from the 17th through the 19th Century, *Springer*, (1980).

[27] G. H. Hardy, The Case against the Mathematical Tripos, *Math. Gazette*, **32**, (1948), 134–145.

[28] T. Heath, A History of Greek Mathematics I & II, *Dover*, (1981).

[29] T. Heath, Euclid The Thirteen Books of Elements, volumes 1–3, *Dover*, (1956).

[30] Apollonius, ed. T. Heath, Treatise on Conic Sections, *Cambridge Univ. Press*, (1896).

[31] V. J. Katz, A History of Mathematics: A Introduction, 2nd Ed., *Addison Wesley Longman*, (1998). 和訳もある．カッツ 数学の歴史，上野健爾，三浦伸夫監訳，共立出版，(2005).

[32] N. D. Kazarinoff, Analytic Inequalities, *Holt, Rinehard & Winston*, (1961); *Dover*, (2003).

[33] N. D. Kazarinoff, Geometric Inequalities, *Math. Asso. Amer.*, (1975).

[34] J. Kepler, Neue Stereometrie der Fässer, Ostwald's Klassiker der exakten Wissenschaften というシリーズの第 165 巻, (1908).

[35] H. W. Kuhn, "Steiner's" problem revisited, in Studies in Optimization, G. B. Dantzig and B. C. Eaves eds., *Math. Asso. Amer.*, (1974), 52–70.

[36] P. D. Lax, A short path to the shortest path, *Amer. Math. Month.*, **102**, (1995), 158–159.

[37] M. de L'Hopital, Analyse des Infiniment Petits pour l'Intelligence des Lignes Courbes, (1696).

[38] H. Lob and H. W. Richmond, On the solutions of Malfatti's problem for a triangle, *Proc. Lond. Math. Soc.*, **30**, (1930), 287–304.

[39] E. Maor, Trigonometric Delights, *Princeton Univ. Press*, (1998).

[40] Z. A. Melzak, Introduction to Geometry, *John Wiley & Sons*, (1983); *Dover*, (2008).

[41] P. Nahin, When Least is Best, *Princeton Univ. Press*, (2004). 和訳もある．最大値と最小値の数学（上）（下），細川尋史（訳），丸善出版.

[42] I. Niven, Maxima and Minima without Calculus, *Math. Asso. Amer.*, (1981).

[43] C. S. Ogilvy, Excursions in Geometry, *Oxford Univ. Press*, (1969); *Dover*, (1990).

[44] R. Osserman, The Isoperimetric inequality, *Bull. Amer. Math. Soc.*, **84**, (1978), 1182–1238.

[45] J. Pál, Ein Minimumproblem für Ovale, *Math. Ann.*, **83**, (1917), 311–320.

[46] Ramchundra, A Treatise on Problems of Maxima and Minima Solved by Algebra, (1850).

[47] T. Simpson, The Doctrine and Application of Fluxions, New Ed., (1823).

[48] T. Simpson, Elements of Geometry, 5th ed., (1800).

[49] J. D. Smith, The remarkable Ibn al-Haytham, *Math. Gaz.*, **76**, (1992), 189–198.

[50] J. M. Steele, The Cauchy–Schwarz Master Class: An Introduction to the Art of Mathematical Inequalities, *Math. Asso. Amer.*, (2004).

[51] D. J. Struik (ed.), A Source Book in Mathematics, 1200–1800, *Harvard Univ. Press*, (1969).

[52] S. Tabachnikov, Geometry and Billiards, *Amer. Math. Soc.*, (2005).

[53] V. M. Tikhomirov, Stories about Maxima and Minima, *Amer. Math. Soc.*, (1990).

[54] V. A. Zalgaller and G. A. Los′, The solution of Malfatti's problem, *J. Math. Sci.*, **72**, (1994), 3163–3177.

日本語の文献

[55] ウェルギリウス，アエネーイス（上）（下），泉井久之助（訳），岩波書店，(1976).

[56] アポッロニオス，ポール・ヴェル・エック（仏訳）；竹下貞雄（和訳），円錐曲線論，大学教育出版，(2009).

[57] 新井仁之，掛谷問題のはじまり / 掛谷宗一の直筆ノートより，数学セミナー，(2002) 8 月号 12–15.

[58] 伊東俊太郎，十二世紀ルネサンス，講談社，(2006).

[59] 岩田至康，幾何学大事典，槇書店，(1971～1980).

[60] ヴァン・デル・ウァルデン，数学の黎明，村田 全，佐藤勝造（訳），みすず書房，(1984). 原著は 1954 年の出版.

[61] エウクレイデス全集 第 4 巻，斎藤 憲，高橋憲一（訳・解説），東京大学出版会，(2010).

[62] 岡本 久，日常現象から解析学へ，近代科学社，(2016).

[63] 岡本 久，長岡亮介，関数概念の発展，近代科学社，(2014).

[64] 岡本 久，中村 周，関数解析，岩波書店，(1997).

[65] 加藤敏夫，変分法とその応用，岩波書店，(1957).

[66] ガリレオ・ガリレイ，新科学対話（上）（下），岩波文庫，(1937, 1948).

[67] アーサー・ケストラー，ヨハネス・ケプラー，小尾信彌，木村 博（訳），河出書房新社，(1971); 筑摩書房，(2008).

[68] ゲリファント，フォーミン，変分法，関口智明（訳），文一総合出版，(1970).

[69] 小林幹雄，初等幾何学，共立出版，(1958).

[70] 小林昭七，円の数学，裳華房，(1999).

[71] ジョージ G. スピーロ，ケプラー予想，青木 薫（訳），新潮社，(2005).

[72] 寺沢寛一，自然科学者のための数学概論 応用編，岩波書店，(1960).

[73] 林 鶴一，初等幾何学極大極小問題，大倉書店，(1910).

[74] 深川英俊，日本の数学何題解けますか？（上）（下），森北出版，(1994).

[75] 藤原松三郎，日本数学史要，川原秀城（解説），勉誠出版，(2007).

[76] 細井 綜，和算 (I)，(II)，岩波書店，(1933).

[77] 森 正武，数値解析 第 2 版，共立出版，(2002).

後　書　き

最大最小には具体的な意味がある．経済学では，いかにして利益を最大にするかとか，どうすればコストを最小にできるか，というのは死活問題である．こうした具体的な最大最小問題を学生にもっと慣れてもらうことは教師の使命であると思う．同じ問題でも，

次の関数を微分せよ：

$$f(x) = \frac{x \log x}{1 + x^2}$$

などという出題よりも，幾何学や経済学に意味を託したものの方がやる気がわいてくるのではないかと想像する．

そのためには数学の教師も応用の世界や数学史にもっと慣れ親しむ必要があろう．日本語で書かれた古い数学史の本にはいい加減なことが平然と書かれていることもあり，あまりおすすめできないが，最近書かれた本には錯誤の少ない良書が見える．面倒だと言わずに，教師自ら数学の歴史を紐解けば最大最小の意味付けあるいは動機が見えてくる．

本書は最大最小の問題群のうち初等的なものだけを集めてある．さらに数学の勉強を進めてゆけば，曲面上の測地線の問題や極小曲面などの幾何学的な対象も視野に入ってくるであろう．また，数理物理学に目を向ければおもしろい問題が，それこそ山のようにあることがわかるであろう．読者がそういう分野に進まれることを期待して本書の後書きとさせていただく．

最後に，スーパーサイエンスワークショップの合宿をいっしょにやっていただき，本書の一部についてアドバイスをいただいた山田道夫氏に大いなる謝意を表して本書を終わる．

2018 年 11 月

岡本　久

索　　引

著者略歴

岡本　久（おかもと　ひさし）

1979 年　東京大学理学部卒業
1981 年　東京大学大学院理学系研究科修士課程修了
1985 年　理学博士
1994 年　京都大学数理解析研究所教授
2017 年　学習院大学理学部教授
　　　　専門は数値解析学および流体力学

主要著書

『関数解析』（共著，岩波書店，1995）
『ナヴィエ－ストークス方程式の数理』（東京大学出版会，2009）
『数学の道しるべ』
（数理科学編集部編，共著，サイエンス社，2011）
『関数とは何か』（共著，近代科学社，2014）
『日常現象から解析学へ』（近代科学社，2016）

ライブラリ数理科学のための数学とその展開＝ **AN1**

最大最小の物語
―関数を通して自然の原理を理解する―

2019 年 3 月 10 日©　　初　版　発　行

著　者　岡本　久　　　発行者　森平敏孝
　　　　　　　　　　　印刷者　大道成則

発行所　　株式会社　サイエンス社

〒151-0051　東京都渋谷区千駄ヶ谷 1 丁目 3 番 25 号
営業　☎ (03)5474–8500（代）　振替 00170–7–2387
編集　☎ (03)5474–8600（代）
FAX　☎ (03)5474–8900

印刷・製本　太洋社

サイエンス社のホームページのご案内
http://www.saiensu.co.jp
ご意見・ご要望は
rikei@saiensu.co.jp　まで．

ISBN978–4–7819–1440–4

PRINTED IN JAPAN